昔有十万个为什么为少儿启蒙
今有十万个怎么办替老人解难

老年人
十万个怎么办

法规篇

《老年人十万个怎么办》编辑委员会 编

主编 陈信勇 黄 雷

丛书总主编 方 路 顾德时

U0310079

中国社会出版社

上海科学普及出版社

图书在版编目（CIP）数据

老年人十万个怎么办·法规篇/方路，顾德时主编；陈信勇，黄雷分册主编. —北京：中国社会出版社，2013.1

ISBN 978 - 7 - 5087 - 4289 - 2

Ⅰ.①老…　Ⅱ.①方…②顾…③陈…④黄…
Ⅲ.①生活—知识—中老年读物②法律—中国—中老年读物　Ⅳ.①Z228.3②D920.5

中国版本图书馆 CIP 数据核字（2013）第 010839 号

书　　名	：老年人十万个怎么办·法规篇
丛书主编	：方　路　顾德时
分册主编	：陈信勇　黄　雷
策　　划	：菩萨心
责任编辑	：毛健生
助理编辑	：晓　晶

出版发行：中国社会出版社　　　邮政编码：100032
通联方法：北京市西城区二龙路甲 33 号
　　　　电话：编辑部：（010）66079885
　　　　　　　邮购部：（010）66081078
　　　　　销售部：销售部：（010）66080300　　（010）66085300
　　　　　　　　　　　　（010）66083600　　（010）66080880
　　　　　传　真：（010）66051713　　（010）66080880
网　　址：www.shcbs.com.cn
经　　销：各地新华书店

印　　刷：中国电影出版社印刷厂
开　　本：170mm×240mm　1/16
印　　张：18
字　　数：250 千字
版　　次：2013 年 1 月第 1 版
印　　次：2013 年 10 月第 3 次印刷
定　　价：本册 48.00 元，全套 498.00 元

《老年人十万个怎么办》系列丛书

第二分册·法规篇

主　编　陈信勇　黄　雷

顾　问　贺荣斌（北京市两高律师事务所副主任）

　　　　　刘书良（今日科苑杂志社总编辑）

　　　　　潘红旗（杭州市法学会原秘书长）

　　　　　伍晓龙（浙江新生报原总编辑）

编写人员　（以姓氏笔画为序）

　　　　　冯伟钢　叶　涛　伍晓龙　刘书良　刘晓祺

　　　　　张友连　张立婷　陈信勇　陈家忠　周凡漪

　　　　　宫永德　胡　凯　贺荣斌　赵　颖　唐先锋

　　　　　徐国金　徐炳倩　黄　雷　谢　晨　蔡慧芳

　　　　　潘红旗

关爱今天的老人
就是关爱明天的自己

壬辰孟春
蒋正华

全国人大常委会原副委员长蒋正华为本丛书题词

心如老骥常千里
壮心未与年俱老

顾秀莲 二〇一三年六月六日

全国人大常委会原副委员长顾秀莲为本丛书题词

大爱从孝起步

张梅颖

二〇一二年二月二十日

全国政协原副主席张梅颖为本丛书题词

《当代中国科普精品书系》总序

　　以胡锦涛为总书记的党中央提出科学发展观，以人为本，建设和谐社会的治国方略，是对建设有中国特色的社会主义国家理论的又一创新和发展。实践这一大政方针是长期而艰巨的历史重任，其根本举措是普及教育，普及科学，提高全民的科学文化素质，这是强国富民的百年大计，千年大计。

　　为深入贯彻科学发展观和科学技术普及法，提高全民的科学文化素质，中国科普作家协会以繁荣科普创作为己任，发扬茅以升、高士其、董纯才、温济泽、叶至善等老一辈科普大师的优良传统和创作精神，团结全国科普作家和科普工作者，充分发挥人才与智力资源优势，采取科普作家与科学家相结合的途径，努力为全民创作出更多更好高水平无污染的精神食粮。在中国科协领导支持下，众多科普作家和科学家经过一年多的精心策划，确定编创《当代中国科普精品书系》。这套丛书坚持原创，推陈出新，力求反映当代科学发展的最新气息，传播科学知识，提高科学素养，弘扬科学精神和倡导科学道德，具有明显的时代感和人文色彩。整套书系由13套丛书构成，每套丛书含2~50部图书，共120余册，达2000余万字。内容涵盖自然科学的方方面面，既包括《航天》、《军事科技》、《迈向现代农业》等有关航天、航空、军事、农业等方面的高科技丛书；也有《应对自然灾害》、《紧急救援》、《再难见到的动物》等涉及自然灾害、应急办法、生态平衡及保护措施方面的图书；还有《奇妙的大自然》、《山石水土文化》等系列读本；《读古诗学科学》让你从诗情画意中感受科学的内涵和中华民族文化的博大精深；《科学乐翻天——十万个为什么创新版》则以轻松、幽默、富于情趣的方式，讲述和传播科学知识，倡导科学思维、创新思维，提高少年儿童的综合素质和科学文化素养，引导少年儿童热爱科学，以科学的眼光观察世界；《孩子们脑中的问号》、《科普童话绘本馆》和《科学幻想之窗》，展示了天真活泼的少年一代对科学的渴望和对周围世界的异想天开，是启蒙科学的生动画卷；《老年人十万个怎么办》丛书主要为老年人服务，以科学的思想、方法、精神、知识答疑解难，祝福老年人老有所乐、老有所为、老有所学、老有所养、家庭和谐，社会和谐。

科学是奥妙的，科学是美好的，万物皆有道，科学最重要。一个人对社会的贡献大小，很大程度取决于对科学技术掌握运用的程度；一个国家，一个民族的先进与落后，很大程度取决于科学技术的发展程度。科学技术是第一生产力是颠扑不破的真理。哪里的科学技术被人们掌握得越广泛深入，那里的经济、社会就发展得快，文明程度就高。普及和提高，学习与创新，是相辅相成的，没有广袤肥沃的土壤，没有优良的品种，哪有禾苗茁壮成长？哪能培育出参天大树？科学普及是建设创新型国家的基础，是培育创新型人才的摇篮，待到全民科学普及时，我们就不用再怕别人欺负，不用再愁没有诺贝尔奖获得者。我希望，我们的《当代中国科普精品书系》就像一片沃土，为滋养勤劳智慧的中华民族，培育聪明奋进的青年一代，提供丰富的营养。一棵大树，为中华民族的崛起铺路搭桥。

刘嘉麒

（中国科普作家协会第五、六届理事会理事长、中国科学院院士）

《老年人十万个怎么办》总序

"积极老龄化"在中国

——写在《老年人十万个怎么办》丛书出版之际

家家有老人，人人都会老。

大千世界里，作为个体的我们，从童年、少年、青年、中年直至老年，是生物进化的必然规律，也是人类不断认识自我、完善自我、超越自我而追求人生幸福、人生价值和人生发展的必然过程。随着人类由"高生育、高死亡、高增长"向"低生育、低死亡、低增长"转变，世界各国和地区人口年龄结构正悄然发生着改变，曾经年轻的社会开始告别年轻，迈向老年。如何看待我们的一生，如何度过我们的老年，成为越来越值得我们认真审视、思考和回答的问题。

联合国2009年统计数据显示，世界上有50个国家已经进入老龄社会；中国将成为各国中老年规模最大、老龄化速度最快的国家。据预测，我国老年人口从2011年起将呈现进一步加速增长态势，到2050年前后全国老年人口将达到4.8亿左右，其中80岁以上的老年人将超过1亿人。老龄问题不仅是每个人和每个家庭的现实问题，也是一个关系国计民生和国家长治久安的重大社会问题。我们要以积极的老龄观取代消极的老龄观，以积极的态度、积极的政策、积极的行动应对人口老龄化。

"积极老龄化"是一种观念。这是指最大限度地提高老年人"健康、参与、保障"水平，确保所有人在老龄化过程中能够不断提升生活质量，促使所有人在老龄化过程中能够充分发挥自己体力、社会、精神等方面的潜能，保证所有人在老龄化过程中能够按照自己的权利、需求、爱好、能力参与社会活动，并得到充分的保护、照料和保障。这是以更高的站位、更宽的视野、更新的维度来审视人口老龄化、直面人口老龄化、应对人口老龄化。这种积极的老龄观，有利于

消除年龄歧视的不利影响，为解决老龄问题提供了新的思想方法和发展理念。

积极老龄化是一种战略。老龄问题不仅包括老年人生活保障和自身发展需要，还包括人口结构变化对经济、政治、文化和社会发展提出的调整要求及挑战。这就需要有战略的思维、战略的部署、战略的举措。党中央、国务院历来高度重视老龄问题。江泽民同志指出："老龄问题越来越成为一个重要的社会问题，我们要予以重视。希望各级党委和政府要加强对老龄工作领导，切实做好这项工作。"并亲笔题词："加强老龄工作，发展老龄事业"。胡锦涛同志先后指出："人口老龄化给家庭结构和社会生活带来新的变化，对经济和社会发展产生重大影响。对于这样一个重大的社会问题，全国上下都要有充分的认识，并积极研究制定相应的政策。""尊重老年人、关爱老年人、照顾老年人，是中华民族的优良传统，也是一个国家文明进步的标志。我们要弘扬中华民族尊老敬老的传统美德，大力发展老龄事业，给予老年人更多生活上的帮助和精神上的安慰，让所有老年人都能安享幸福的晚年。"在"党政领导，社会参与，全民关怀"工作方针指引下，我国积极应对人口老龄化挑战，把发展老龄事业作为经济社会统筹发展和构建社会主义和谐社会的重要内容，综合运用经济、法律和行政手段，不断推动老龄事业发展，基本建立了老龄法律政策制度体系，形成了"大老龄"的工作格局，营造了全社会尊老敬老助老的社会氛围，这为我国科学应对人口老龄化、科学解决老龄问题奠定了坚实的基础。

积极老龄化是一种自觉。老龄问题不仅仅是老年人的问题，更是各年龄段人群都要面对的问题；不仅仅是需要引起关注的问题，更是需要经济、文化、社会、政治等各个层面主动适应的问题。老年人要以积极的生命态度投入生活，更加注重身心健康，更加注重人格尊严，更加注重自我养老和自我实现。人人都是老龄社会的主体，都应当以积极的生活态度面对老龄，既要有"老吾老，以及人之老"的宽广博爱，也要有"未雨绸缪"的预先准备，为自己的老年生活做好物质和精神的储备。政府、社会、个人和家庭都是应对老龄问题的主体，都要以积极的角色态度自觉行动，尽好应尽的职责、做好应做的事情，促进形成"不分年龄、人人共享"的和谐社会。

《老年人十万个怎么办》的编辑出版，是一件利国利民的大好事，是一种"积极老龄化"责任的体现，是一个促进老年人享有健康晚年、幸福晚年、积极晚年的行动。这部丛书是老年文化出版事业的重要组成部分，全书共十一个分册，从养生到励志，从应急到关爱，内容涵盖了老年人生活的诸多方面，编写力求突出实用性、服务性、大众化、科普化，力求每一个条目都符合老年人的实际需要，其间形式多样的"小贴士"更体现出为老年人"量身定做"的温馨，全书提供了科学的知识，表达了现实的需要，实现了积极的引导。值得一提的是，丛书编委会和200多名编创人员绝大多数是来自全国各地、老龄文化领域的老年人，总编室的几位同志平均年龄超过70岁。"老骥伏枥，志在千里"，他们在用自己的执着和坚韧书写着《老年人十万个怎么办》，用生动的作品和崇高的精神感动每一个身边人、每一名读者。也正是他们的行动在证明着：积极人生，多有意义！

祝愿《老年人十万个怎么办》丛书出版成功！

陈传书

（民政部党组成员、全国老龄办常务副主任）

目 录

CONTENTS

前 言

　　我国人口老龄化程度正在逐步提高。根据国家统计局于 2011 年 4 月 28 日发布的《2010 年第六次全国人口普查主要数据公报（第 1 号）》，2010 年 11 月 1 日零时，普查登记的大陆 31 个省、自治区、直辖市和现役军人的人口共 1339724852 人，其中 60 岁及以上人口为 177648705 人，占 13.26%，65 岁及以上人口为 118831709 人，占 8.87%。

　　计划生育和人口老龄化给社会生活带来全面的、深刻的变化。家庭的规模缩小，家庭成员的年龄老化，老年赡养比（20~64 岁劳动年龄人口赡养 65 岁以上老年人口的比例）提高，失能老年人的比例提高，家庭的经济和生活照料负担也随之上升。在我国社会保障体系尚不健全的背景下，夫妻之间、父母子女之间的扶养、赡养压力增加，可能会带来更多的家庭纠纷。在婚姻家庭的范围内，维护老年人的合法权益，具有重要的现实意义。

　　老年人作为社会成员，有参与各种社会活动的权利，有从国家和社会获得物质帮助的权利，有享受社会发展成果的权利。国家和社会采取各种有力措施，建立健全社会保障，完善为老年人服务的各种设施，满足老年人正当的物质、文化生活需求。

　　为适应人口老龄化的趋势，应对人口老龄化带来的各种现实问题，切实保障老年人的合法权益，国家通过立法、司法、法律服务等措施，基本形成了老年人合法权益的法律保障机制。《中华人民共和国宪法》（以下简称宪法，法律法规名称亦同）关于保护老年人的原则规定是老年人权益保障法律体系的核心，老年人权益保障法则构成老年人权益保障法律体系的基本框架，民法通则、婚姻法、收养法、继承法、社会保险法、城市居民最低生活保障条例、农村五保供养工作条例、律师法、法律援助条例、公证法、侵权责任法、治安管理处罚法、刑法等法律法规共同构成这个法律体系。

　　为实施保障老年人权益的法律制度，我国各级公安司法机关和法律服务机构

按照法律规定的程序处理大量的涉老案件。公安司法机构对侵害老年人权益的案件优先受理，在赡养费纠纷案件中，人民法院可以责令赡养人在裁判之前预先支付赡养费，并为符合条件的老年当事人提供司法救助；法律援助中心和法律服务机构依法为符合条件的老年当事人提供法律援助。

"老有所养、老有所医、老有所为、老有所学、老有所乐"是老年人权益保障法规定的老年人事业发展的目标。实现这个目标，需要国家和社会的关心，也需要老年人自己的努力。掌握一定的涉老法律常识，是正确、有效维护老年人合法权益的条件之一。本书作为"老年人十万个怎么办"丛书之一，其创作宗旨就是为老年人朋友学习掌握涉老法律常识提供一本通俗读物，为老年朋友维护合法权益提供一本简便手册，故名之为《老年人十万个怎么办·法规篇》。

编　者

第一章

结婚、离婚

——聚散有缘　进退有度

【**导语**】婚姻乃人生大事，这话不仅仅是对青年人说的。少年夫妻老来伴，到了老年，才能真正体现相依相靠的婚姻价值。婚姻法也不仅仅是为年轻人制定的，老年人的婚姻大事——结婚、离婚问题，也同样适用婚姻法的规定。本章讨论的问题涉及老年人再婚自由、结婚登记、婚姻无效、离婚及其财产处理、复婚等内容，既包括结婚、离婚的条件，也包括结婚、离婚的程序。

1

单亲再婚遭反对，老年人的婚姻受到子女干预时，怎么办

十几年前，张大爷的老伴因病去世。从此，张大爷又当爹又当妈，好不容易把3个孩子抚养成人。孩子结婚后相继分了家。张大爷考虑到今后生活需要人帮助，精神上要有所寄托，就在他68岁的时候经人介绍与刘大妈认识，之后双方都有结婚的意愿。可是已结婚多年的大儿子跑到父亲家里吵闹不休，执意不同意他们结婚，并扬言若他们结婚他将不再赡养父亲。张大爷感到非常烦恼。请问子女干预老人的婚姻自由，怎么办？张大爷再婚的权利能否得到法律的保护？

这是子女干涉老年人婚姻自由的违法行为。子女干涉老年人婚姻自由，主要体现在老年人的离婚和再婚两方面。子女反对的原因大致可以分为两种：一是情感上不能接受，二是怕再婚父母的财产落入他人手中。在现实生活中，老年人丧偶再婚或离婚再婚，有时会遭到子女的反对，或遭到左邻右舍的非议。有的老年人在这种压力下就放弃了再次寻找幸福的权利。老年人长期一个人在家，子女又忙于自己的工作，难免会孤单寂寞，因此老年人离婚或丧偶后再找个老伴相互照顾的需求应当得到子女的支持。单身老年人再婚是合法、合情、合理的，子女应当尊重父母的婚姻权利。2001年修改的婚姻法第三十条规定："子女应当尊重父母的婚姻权利，不得干涉父母再婚以及婚后的生活。子女对父母的赡养义务，不因父母的婚姻关系变化而终止。"同时老年人权益保障法第十八条也规定："老年人的婚姻自由受法律保护。子女或其他亲属不得干涉老年人离婚、再婚及婚后生活。"张大爷再婚的权利应该得到支持，张大爷的大儿子干涉父亲再婚是违反法律的。

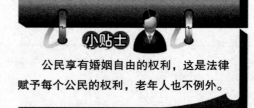

小贴士

公民享有婚姻自由的权利，这是法律赋予每个公民的权利，老年人也不例外。

2

单亲发生"黄昏恋"，老年人面对世俗非议时，怎么办

时下，社会上有一些单身老年人在谈"黄昏恋"，但这"黄昏恋"确实不容易谈。多数老年人宁愿选择同居，也不愿意结婚。其原因之一，就是老年人要面对世俗眼光和传统观念的压力和束缚。老年男性主要受到外在压力，而老年女性甚至还有内在压力。不少女性自始至终受到传统思想的束缚，认为老了老了还搞"黄昏恋"实在是丢人现眼，并认为有悖伦理。

老李是一名退休工程师，妻子去世后，他独自在家孤单寂寞，在一起打太极拳时，与同一单位退休的单身职工张女士越走越近。一来二去，老李就有了和张女士在一起生活的想法，张女士自然心领神会。但是，老李和张女士都在这里住了几十年，左右邻居抬头不见低头见，都是熟人，老李和张女士又都是思想保守之人，受到传统思想的束缚，也害怕别人说三道四，不希望邻居知道这件事。无奈，两人为了能在一起做伴，只能借着外出的机会约会。为了不被人发现，他们往往都是事先约好一个地方，走不同的路绕行，然后再到指定地点相聚。每一次外出相会都像是在"秘密接头"。

对于老李和张女士来说，首先两人要自己树立起面对世俗非议的勇气，要认定自己追求幸福的行为既是法律允许的，也是光明正大的，总之要放下心理上的包袱；其次，变"地下相会"为"公然交往"，也不失为一个好办法，只要自己行得正，又何必在乎别人说什么。一旦将这种关系坦坦荡荡地公之于众，人们自然也就闭上了嘴巴。

小贴士

婚姻法规定的法定婚龄是法律允许结婚的最低年龄。不论多大年龄，只要符合结婚条件，就可以结婚。

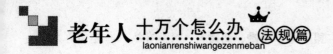

3

与亡妻的妹妹喜结良缘，老年人遭到世俗白眼时，怎么办

赵师傅退休后没多久，老伴因心脏病突发医治无效去世了。本来身体就不太好的赵师傅一时间无法接受老伴去世的悲惨事实，也病倒了，住进了医院。儿女们工作都非常忙，无暇照顾赵师傅。见姐夫病了无人照料，赵师傅老伴的妹妹梁某就每天陪在他的身边，照顾他吃药、吃饭。在梁某的细心照料下，赵师傅很快就出院了。梁某于几年前丧偶，两个孤单的老人有了更多的共同话题。时间久了，他们就像年轻人一样擦出了爱情的火花。赵师傅提出与梁某登记结婚，以便名正言顺地生活在一起。梁某虽然知道与赵师傅在一起生活很舒心，但她总是感觉不妥，因为赵师傅是姐姐的丈夫，唯恐他们俩结婚会遭到儿女们的反对，即使儿女同意，街坊邻居又会怎么看他们？赵师傅和梁某不敢越过这条无形的鸿沟。请问与亡妻的妹妹结婚，怕遭到街坊邻居白眼，怎么办？

婚姻法第七条规定了禁止结婚的情形："有下列情形之一的，禁止结婚：（一）直系血亲和三代以内旁系血亲；（二）患有医学上认为不应当结婚的疾病。"

赵师傅和梁某仅仅存在姻亲关系，并不属于法律禁止的近亲关系，不具有法律禁止结婚的情形，所以他们在丧偶之后有再婚的权利。

小贴士

三代以内旁系血亲包括：一、同源于父母的兄弟姐妹，二、同源于祖父母与外祖父母的同辈分的堂兄弟姐妹和表兄弟姐妹，三、同源于祖父母或外祖父母的不同辈分的伯、叔与侄女、姑与侄、舅与外甥女、姨与外甥。

4

曾发誓离婚后不再婚，老年人再婚担心会受到干预时，怎么办

林某与万某本是夫妻，后因性格不合离婚。离婚后两人仍然共同居住在同一套房子里。两人约定双方都不再结婚，但不干涉对方交友的权利。两年后前妻万某认识了赖某，两人在一起很有默契，互生好感，于是万某搬出原来的房子与赖某同居，并打算在国庆时领证结婚。林某知道后，万分妒忌，极力阻挠万某与赖某的交往。林某不仅扣留了万某留在家里的居民身份证，不许她与赖某结婚，还时常到赖某的家里去闹。请问前夫阻止前妻再婚，该怎么办？

婚姻法第二条规定："实行婚姻自由、一夫一妻、男女平等的婚姻制度。"婚姻法第五条规定："结婚必须男女双方完全自愿，不许任何一方对他方加以强迫或任何第三者加以干涉。"林某与万某离婚后婚姻关系已结束，夫妻间的权利和义务也不复存在。万某在离婚后有再婚的权利，林某无权干涉。另据居民身份证法的规定，任何组织或者个人不得扣押居民身份证。林某扣留万某的居民身份证，也是违法的行为。

小贴士

夫妻离婚后原有的婚姻关系就消失，两人之间不存在夫妻间的权利与义务，任何一方都有再婚的权利。双方关于离婚后不再结婚的约定，违反婚姻法上的婚姻自由原则，属于无效约定，对双方都没有约束力。

5

妻子出走多年无音讯，丈夫已与他人以夫妻名义同居时，怎么办

张大爷的老伴李大妈因与张大爷拌嘴，一气之下离家出走，5年未归，家人多方寻找未果。由于子女都已独立成家，不能常来看望，张大爷一个人倍感寂寞。在一次朋友聚会中，张大爷认识了丧偶的刘大妈，两人通过交往甚是投缘。经过半年的交往，两人决定住到一起，刘大妈搬到张大爷家住，对外以夫妻的名义开始了同居生活。后来，流落在外的李大妈回到家发现此事，非常气愤。请问老伴出走多年，回家发现丈夫与他人以夫妻名义同居，该怎么处理？

本案中，虽然李大妈出走多年，但其与张大爷的婚姻关系并不因此而自动终止。张大爷在未与李大妈解除夫妻关系的情况下，与刘大妈以夫妻的名义同居，虽未领取结婚证，但已构成重婚。李大妈可以起诉张大爷重婚。依据婚姻法第四十五条的规定，对重婚构成犯罪的，依法追究刑事责任。受害人可以依照刑事诉讼法的有关规定，向人民法院自诉；公安机关应当依法侦查，人民检察院应当依法提起公诉。刑法第二百五十八条还规定："有配偶而重婚的，或者明知他人有配偶而与之结婚的，处二年以下有期徒刑或者拘役。"

小贴士

如果发生配偶一方失踪的情况，另一方可依法定程序向人民法院申请宣告其为失踪人。民法通则第二十至二十二条对此作了规定。另据婚姻法第三十二条第四款的规定，一方被宣告失踪，另一方提出离婚诉讼的，应准予离婚。

6

非婚同居多年后，老年人想补办结婚手续时，怎么办

范某和张某都是离异人士。双方于 1996 年经朋友介绍认识，经过深入接触了解，范某的风趣幽默吸引着张某，张某的温柔、善解人意也打动了范某。两人都有结为夫妻的意愿，1997 年按照当地风俗他们办了酒席，宴请了双方的亲朋好友。虽然没有办理结婚登记，但是双方认为自己已经办了酒席得到了社会的认可，并对外以夫妻的名义开始了生活。经过十多年的风风雨雨，年逾古稀的范某和张某感情日益加深。后经过街道办的普法宣传，为了保护张某作为妻子的合法权益，范某想补办结婚登记，怎么办？

婚姻法第八条规定："要求结婚的男女双方必须亲自到婚姻登记机关进行结婚登记。符合本法规定的，予以登记，发给结婚证。取得结婚证，即确立夫妻关系。未办理结婚登记的，应当补办登记。"婚姻法解释一的第四条规定："男女双方根据婚姻法第八条规定补办结婚登记的，婚姻关系的效力从双方均符合婚姻法所规定的结婚的实质要件时起算。"范某和张某应亲自到婚姻登记机关补办登记，其婚姻关系的效力从 1997 年起算。

小贴士

我国法律规定了婚姻登记制度。结婚、复婚和双方自愿离婚，均需到婚姻登记机关进行登记。2003 年 8 月 8 日国务院令第 387 号发布的《婚姻登记条例》就结婚、离婚、复婚登记等事宜作出了具体规定。

7

当年同居未领结婚证，老年人发现夫妻关系难以为继时，怎么办

关大爷和钱大娘是经人介绍认识的两个单身老人，经过几个月的交往互有好感。为了老来有伴，两人在认真考虑后有意结为夫妇。2000年，两人宴请了双方的亲友，举行了一个小小的婚礼，从此对外以夫妻名义共同生活，但是当时两人并未领证。共同生活几年后，两人情感出现了危机，开始了频繁的争吵，互不相让。经过一年多不断的争吵，两人已无感情可言，最后闹起了离婚。请问未领取结婚证，共同生活多年，现感情破裂，怎么办？

根据婚姻法解释一的第五条的规定，未按婚姻法第八条规定办理结婚登记而以夫妻名义共同生活的男女，起诉到人民法院要求离婚的，应当区别对待：一、1994年2月1日民政部《婚姻登记管理条例》公布实施以前，男女双方已经符合结婚实质要件的，按事实婚姻处理；二、1994年2月1日民政部《婚姻登记管理条例》公布实施以后，男女双方符合结婚实质要件的，人民法院应当告知其在案件受理前补办结婚登记；未补办结婚登记的，按解除同居关系处理。

本案中关大爷和钱大娘是在2000年开始同居的，属于解释的第二种情况，这种情况下向法院起诉离婚，法院将判决解除两人的同居关系。

小贴士

1994年1月12日国务院批准、1994年2月1日民政部发布的《婚姻登记管理条例》已经被2003年8月8日国务院令第387号发布的《婚姻登记条例》取代。

8

早婚未办理结婚登记，老年人想重新履行婚姻手续时，怎么办

许某（男）与谭某（女）是相邻两个工厂的职工，经他人介绍认识并确定恋爱关系。当时许某23岁，谭某19岁。双方到婚姻登记机关领结婚证时，被告知谭某未到法定婚龄，不予登记。他们决定先办婚宴，等达到法定婚龄后再去领取结婚证。许某与谭某办了婚宴后就以夫妻关系名义开始了生活。过了两年两人均已达到法定婚龄，但是两人忙着其他事而把领取结婚证的事耽搁了，之后也一直未去补办。2009年，当他们准备再买一套房时，在办理一些手续的时候被要求出示结婚证。请问像许某与谭某这种因当年早婚未办结婚登记，现在没有结婚证的情况，该怎么办？

自1950年中央人民政府颁布婚姻法以来，我国均实行婚姻登记制度。根据现行婚姻法第八条的规定，要求结婚的男女双方必须亲自到婚姻登记机关进行结婚登记。符合婚姻法规定的，予以登记，发给结婚证。取得结婚证，即确立夫妻关系。未办理结婚登记的，应当补办登记。婚姻法解释一的第四条规定：男女双方根据婚姻法第八条规定补办结婚登记的，婚姻关系的效力从双方均符合婚姻法所规定的结婚的实质要件时起算。未到法定结婚年龄的公民以夫妻名义同居的，其婚姻关系无效，不受法律保护。本案中，许某与谭某可去婚姻登记机关补办结婚登记，领取结婚证，婚姻关系的效力应该从他们均符合婚姻法规定的结婚年龄开始。

小贴士

1994年2月1日，民政部《婚姻登记管理条例》公布实施以前，男女双方未办理结婚登记而以夫妻名义共同生活，符合结婚实质要件的，按事实婚姻处理。

9

女方精神病已经痊愈，老年人要起诉婚姻无效时，怎么办

郑某与黄某年轻时同是一家工厂的工人，因为是同事关系，加之两人又有业务上的往来，所以两人接触较多。时间长了，郑某就向黄某表达了爱意。但是黄某的母亲是精神病患者，医生也曾明确表示，黄某携带精神病因子的概率较高。鉴于这种原因，黄某拒绝了郑某，但是郑某知情后并不介意，表示愿意娶黄某为妻。在郑某的苦苦追求下，黄某最终还是答应了。两人结为夫妻，并相濡以沫几十年。后来黄某偶有犯病，郑某照顾得还好。随着年龄变大，黄某犯病越来越频繁，郑某终于无法忍受，虽然后来经多方治疗，黄某的精神病已经治愈，但是郑某害怕黄某再次犯病，想与黄某协议离婚。黄某坚决不同意，并称当时已经将自己携带精神病因子的情况说明，而郑某并不介意，两人这才结婚的。郑某自知理亏不敢声张，暗地里查阅相关法律书籍，郑某认为可以通过宣告婚姻无效的形式解除婚姻，并向人民法院提起诉讼主张与黄某的婚姻无效。请问患精神疾病已经治愈，丈夫起诉主张婚姻无效，怎么办？

婚姻法第十条规定了婚姻无效的几种情形，其中第三项规定：婚前患有医学上认为不应当结婚的疾病，婚后尚未治愈的。婚姻法解释一的第八条规定：当事人依据婚姻法第十条规定，向人民法院申请宣告婚姻无效的，申请时，法定的无效婚姻情形已经消失的，人民法院不予支持。此案中经权威医疗部门鉴定，黄某的精神病属于间歇性精神分裂症，已经治愈，应当视为婚姻无效的情形已经消失，另一方申请婚姻无效的，不应支持。故此案中郑某与黄某的婚姻有效。

小贴士

婚姻法解释一的第九条规定："人民法院审理宣告婚姻无效案件，对婚姻效力的审理不适用调解，应当依法作出判决；有关婚姻效力的判决一经作出，即发生法律效力。涉及财产分割和子女抚养的，可以调解。调解达成协议的，另行制作调解书。对财产分割和子女抚养问题的判决不服的，当事人可以上诉。"

10 登记结婚时身份证有误，老年人财产继承权得不到支持时，怎么办

某市机械厂退休职工老张受厂里委托去外地参加会议，途中遭遇车祸身亡。老张的妻子李某到老张生前的单位要求给予赔偿金，却遭到厂方拒绝，原因是李某的身份证与老张结婚证上的配偶不是同一个人。原来事情是这样的，当年老张与李某结婚登记的时候，李某忘了带身份证，就用同行的表姐的身份证办理结婚登记手续。虽然当时事情办得很顺利，可当需要对当事人主体资格进行确认时，麻烦就来了。厂方认为赔偿金应该给老张的合法妻子，李某因为不是老张的合法妻子，所以不能支付；即使支付，也只能将赔偿金支付给李某的表姐。李某一气之下将老张生前供职的工厂告上了法庭。请问登记结婚时身份证有误导致继承权得不到支持，怎么办？

婚姻法第八条规定：要求结婚的男女双方必须亲自到婚姻登记机关进行结婚登记。符合本法规定的，予以登记，发给结婚证。取得结婚证，即确立夫妻关系。未办理结婚登记的，应当补办登记。李某在结婚时只希望早些领取结婚证，而忽略了法律的规定。事情到了如此地步，她只能与表姐协商解决赔偿金问题。依据法律规定，李某不是老张法律上的妻子，没有权利要求获得老张的赔偿金，法院驳回了李某的诉讼请求。

小贴士

依据《婚姻登记条例》第五条第一款的规定，办理结婚登记的内地居民应当出具本人的户口簿、身份证。

11

再婚是人生大事，老年人不懂得办理再婚手续时，怎么办

王某是离异男士，现退休一人居住。单某早年丧夫，居住在女儿家。王某、单某在同一个小区居住，子女们看两人甚为投缘，遂撮合两人。请问，老年人再婚，登记手续怎么办？

根据婚姻法和《婚姻登记条例》的相关规定，登记手续按以下程序进行：

首先，双方应当共同到一方当事人常住户口所在地的婚姻登记机关办理结婚登记。《婚姻登记条例》第四条第一款规定：内地居民结婚，男女双方应当共同到一方当事人常住户口所在地的婚姻登记机关办理结婚登记。

其次，双方应当提交规定的证件和证明材料。《婚姻登记条例》第五条第一款规定："办理结婚登记的内地居民应当出具下列证件和证明材料：（一）本人的户口簿、身份证；（二）本人无配偶以及与对方当事人没有直系血亲和三代以内旁系血亲关系的签字声明。"王某作为离异人士，还应提交离婚证或生效的离婚裁判文书，证明其无配偶身份。

最后，婚姻登记机关应当对结婚登记当事人出具的证件、证明材料进行审查并询问相关情况。对当事人符合结婚条件的，应当当场予以登记，发给结婚证；对当事人不符合结婚条件不予登记的，应当向当事人说明理由。

小贴士

再婚与初婚的结婚登记程序相同。《婚姻登记条例》第二章结婚登记的规定既适用于初婚，也适用于再婚。离婚的男女双方自愿恢复夫妻关系的，其复婚登记也适用《婚姻登记条例》关于结婚登记的规定。

12

结婚手续需要自己办理，老年人因病不能亲往时，怎么办

李某（男）与袁某（女）都是县老年书画协会的会员。两人都是早年丧偶，也都爱好书画，所以平时有很多共同语言，两人之间很有默契。之后两人日久生情，便有了相互走到一起的想法，双方的子女知道后都非常赞同，之后就摆了酒席宴请了亲友，但未领取结婚证。原打算摆酒席一年后去登记领证的，但后来一直未领。5年后，袁某中风卧床不起，病床上的老袁怕自己一病不起，李某在她去世后没有经济来源，所以就与李某商量决定去登记，但是自己因病不能前往，就写了委托书委托好友王某帮他办理。于是，王某带着委托书和袁某的身份证、户口簿、单位证明和李某去婚姻登记机关办理登记手续。请问因病不方便去婚姻登记机关办理结婚登记，怎么办？

结婚登记是我国当事人结婚必须履行的唯一法定程序。婚姻法第八条规定："要求结婚的男女双方必须亲自到婚姻登记机关进行结婚登记。符合本法规定的，予以登记，发给结婚证。取得结婚证，即确立夫妻关系。未办理结婚登记的，应当补办登记。"根据以上要求，结婚男女双方必须亲自到婚姻登记机关进行结婚登记，所以结婚登记不可以由他人代办，即使有委托书也不可以。本案中，袁某为了维护李某的合法权益，可以在病情好转时与李某一同前往婚姻登记机关办理结婚登记。对因病等特殊原因无法亲自到婚姻登记机关办理婚姻登记的，我国某些地方的婚姻登记机关提供上门登记服务。

小贴士

结婚登记涉及双方的身份关系，按照法律规定，必须亲自办理，不可以委托他人代办。

13

子女与港澳台同胞结婚，老年人想了解手续办理要求时，怎么办

林某出生于我国台湾省台北市，常年在大陆做生意，沿海多个城市都有他的分公司。在一次交易谈判中，他遇到四川女子夏某，两人一见钟情。两人都是单身未婚，经过半年的交往，两人准备结婚。但是一个是大陆女子，一个是台湾同胞，他们不清楚该如何办理婚姻登记。请问与港澳台同胞结婚，手续该怎么办？

根据《婚姻登记条例》规定，内地居民同香港居民、澳门居民、台湾居民、华侨在中国内地结婚的，男女双方应当共同到内地居民常住户口所在地的婚姻登记机关办理结婚登记。办理结婚登记的内地居民应当出具下列证件和证明材料：（一）本人的户口簿、身份证；（二）本人无配偶以及与对方当事人没有直系血亲和三代以内旁系血亲关系的签字声明。办理结婚登记的香港居民、澳门居民、台湾居民应当出具下列证件和证明材料：（一）本人的有效通行证、身份证；

（二）经居住地公证机构公证的本人无配偶以及与对方当事人没有直系血亲和三代以内旁系血亲关系的声明。林某与夏某应当依照上述规定，到夏某的常住户口所在地的婚姻登记机关办理结婚登记，并提交上述证件和证明材料。

婚姻登记机关对结婚登记当事人出具的证件、证明材料进行审查并询问相关情况。对当事人符合结婚条件的，应当当场予以登记，发给结婚证；对当事人不符合结婚条件不予登记的，应当向当事人说明理由。

小贴士

《婚姻登记条例》第四条第二款、第五条第一款与第二款，就内地居民同港澳台居民在中国内地结婚的有关事宜作了规定。

14

与外国人结婚，老年人想了解手续办理要求时，怎么办

英国人查尔斯的夫人两年前因病逝世。由于非常热爱中国文化，也为了忘却丧妻的痛苦，50多岁的查尔斯只身一人来到中国工作，在北京某大学任教。在工作之余，他常常向别人学习中文。邻居高老师是另一所大学的一位英语教师，先生去世已有10多年。查尔斯为人幽默乐观，高老师平时非常乐意帮助他学习中国文化，周末也会相邀一起去爬山、游公园。一年后，查尔斯发现自己爱上了这个中国女子，开始追求高老师。半年后，两人准备结婚。请问，与外国人结婚，手续怎么办？

《婚姻登记条例》规定了中国公民与外国人在中国内地结婚的程序：

首先，中国公民同外国人在中国内地结婚的，男女双方应当共同到内地居民常住户口所在地的婚姻登记机关办理结婚登记。

其次，双方提交规定的证件和证明材料。办理结婚登记的内地居民应当出具下列证件和证明材料：（一）本人的户口簿、身份证；（二）本人无配偶以及与对方当事人没有直系血亲和三代以内旁系血亲关系的签字声明。办理结婚登记的外国人应当出具下列证件和证明材料：（一）本人的有效护照或者其他有效的国际旅行证件；（二）所在国公证机构或者有权机关出具的、经中华人民共和国驻该国使（领）馆认证或者该国驻华使（领）馆认证的本人无配偶的证明，或者所在国驻华使（领）馆出具的本人无配偶的证明。

最后，婚姻登记机关应当对结婚登记当事人出具的证件、证明材料进行审查并询问相关情况。对当事人符合结婚条件的，应当当场予以登记，发给结婚证；对当事人不符合结婚条件不予登记的，应当向当事人说明理由。

小贴士

《婚姻登记条例》第四条第二款、第五条第一款与第四款，就中国公民同外国人在中国内地结婚的有关事宜作了规定。

⑮
不慎丢失结婚证，老年人想采取补救措施时，怎么办

侯大爷和何大妈 1956 年经他人介绍相恋结婚，并于 1957 年 10 月 1 日在 A 市 B 区婚姻登记机关领取了结婚证。后来随着家庭经济的好转，两人搬过几次家。2007 年 10 月 1 日某老年人用品专卖店国庆搞活动，每对结婚 50 周年的夫妇只要在店里任意消费，就可以领取一份价值 888 元的金婚大礼包。这则好消息被何大妈看见了，刚好店内有张她一直想买的按摩椅，就打算买东西拿结婚证领取金婚大礼包。但是回到家翻箱倒柜也未找到自己的结婚证，何大妈想可能是搬家时不小心遗失了。请问遗失了结婚证，该怎么办？

根据《婚姻登记条例》第十七条的规定，结婚证、离婚证遗失或者损毁的，当事人可以持户口簿、身份证向原办理婚姻登记的机关或者一方当事人常住户口所在地的婚姻登记机关申请补领。婚姻登记机关对当事人的婚姻登记档案进行查证，确认属实的，应当为当事人补发结婚证、离婚证。侯大爷和何大妈可以依照上述规定，向原办理婚姻登记的机关或者一方当事人常住户口所在地的婚姻登记机关申请补领结婚证。

小贴士

结婚证是婚姻登记管理机关签发的证明婚姻关系有效成立的法律文书。结婚证正本一式两份，男女双方各持一份，其式样由民政部统一制定，由省、自治区、直辖市人民政府统一印制，由县、市辖区或不设区的市人民政府加盖印章，结婚证书需贴男女双方照片，并加盖婚姻登记专用钢印。结婚证是重要法律文书，应当妥善保管。

16

解除非婚同居关系，老年人想了解其办理程序与办法时，怎么办

张大妈和秦大爷都是早年丧偶，以前因为子女小未考虑个人的婚姻问题。等子女长大离家后，两个老年人因同病相怜而擦出情感的火花，2002年萌生了结婚的念头。但是子女不同意他们结婚，两位老人最后以不领结婚证同居的方式住在一起，对外宣称为夫妻关系。刚开始关系很融洽，但是慢慢各自的缺点暴露出来了，秦大爷的一些生活习惯让张大妈难以接受，而且秦大爷也不愿改变。时间一长，张大妈想要解除同居关系。请问未办理结婚登记的老年同居者，一方想解除同居关系，怎么办？

婚姻法解释二的第一条规定，当事人起诉请求解除同居关系的，人民法院不予受理。但当事人请求解除的同居关系属于婚姻法第三条、第三十二条、第四十六条规定的"有配偶者与他人同居"的，人民法院应当受理并依法予以解除。当事人因同居期间财产分割或者子女抚养纠纷提起诉讼的，人民法院应当受理。本案中，张大妈和秦大爷不属于婚姻法第三条、第三十二条、第四十六条规定的"有配偶者与他人同居"的情形，也不属于事实婚姻的情形，如果张大妈以解除同居关系或离婚为由起诉，人民法院将不予受理。如果张大妈以分割同居期间财产为由起诉，人民法院将予受理。

小贴士

老年人对待婚姻也应该谨慎，如果打算生活在一起就应该办理结婚登记，这有利于加强双方的家庭责任感，也有利于保护双方的合法权益。

17

双方自愿离婚，老年人想了解其手续办理程序与要求时，怎么办

夏大爷与谢大娘早年在父母的安排下结婚，婚后感情一直不和，等到子女均已长大成人，两人都同意离婚。请问，双方自愿离婚，手续应该怎么办？

依据婚姻法第三十一条的规定，男女双方自愿离婚的，准予离婚。双方必须到婚姻登记机关申请离婚。婚姻登记机关查明双方确实是自愿并对子女财产问题已有适当处理时，发给离婚证。离婚登记的具体手续根据《婚姻登记条例》的规定办理。

《婚姻登记条例》第十条规定：内地居民自愿离婚的，男女双方应当共同到一方当事人常住户口所在地的婚姻登记机关办理离婚登记。中国公民同外国人在中国内地自愿离婚的，内地居民同香港居民、澳门居民、台湾居民、华侨在中国内地自愿离婚的，男女双方应当共同到内地居民常住户

口所在地的婚姻登记机关办理离婚登记。如果夏大爷与谢大娘是内地居民，应当共同到一方当事人常住户口所在地的婚姻登记机关办理离婚登记。

到婚姻登记机关办理离婚登记时，双方应当提交相关证件和证明材料：（一）本人的户口簿、身份证；（二）本人的结婚证；（三）双方当事人共同签署的离婚协议书。

小贴士

当事人办理离婚登记手续时应当持有离婚协议书，协议书中载明双方自愿离婚的意思表示以及对子女抚养、财产及债务处理等事项协商一致的意见。离婚协议书的内容应包括：双方自愿离婚的意思表示，子女抚养，财产处理，债务处理。

18

事实婚姻夫妻要离婚，老年人想了解其手续办理程序与要求时，怎么办

张某与蔡某于 1980 年举办婚礼，但并未办理结婚登记。婚后夫妻感情较好，育有一子。2000 年之后由于工作需要，张某被单位调到外地 A 市工作，而在本地工作的蔡某经过多方努力仍无法调到 A 市，从此开始长期的夫妻两地分居，夫妻感情日益平淡。蔡某体弱多病，常年得不到丈夫的照顾，日常生活存在困难，此时蔡某的朋友刘某表示愿意娶她，照顾她。于是 2008 年蔡某提出离婚。张某经过考虑决定同意，两人对财产分割也达成了协议。于是他们前往婚姻登记机关办理离婚登记，但是却被拒绝。

婚姻法解释一的规定：1994 年 2 月 1 日民政部《婚姻登记管理条例》公布实施以前，男女双方已经符合结婚实质要件的，按事实婚姻处理。蔡某与张某属于事实婚姻，婚姻关系受法律保护。由于张某与蔡某未进行过结婚登记，现虽然自愿离婚，对财产分割也达成了协议，还是不能在婚姻登记机关办理离婚登记。张某与蔡某解除婚姻关系，有以下两种途径：

第一种途径是张某与蔡某先补办结婚登记，领取结婚证，再到婚姻登记机关办理离婚登记。张某与蔡某符合事实婚姻条件，其婚姻关系的效力从双方均符合婚姻法所规定的结婚的实质要件时起算。

第二种途径是张某或蔡某向人民法院起诉离婚，通过诉讼程序解除事实婚姻关系。

小贴士

《婚姻登记条例》第二条第一款规定："内地居民办理婚姻登记的机关是县级人民政府民政部门或者乡（镇）人民政府，省、自治区、直辖市人民政府可以按照便民原则确定农村居民办理婚姻登记的具体机关。"

19

丈夫发生婚外性行为，妻子想起诉丈夫但不愿离婚时，怎么办

叶某（夫）与顾某（妻）都是退休工人，退休后两口子看看书、散散步，日子过得倒也平静。后来，叶某在朋友的影响下学会了打麻将，常常早出晚归，有时彻夜不归。老伴顾某担心他身体，好言相劝，叶某却依然我行我素。有一天下雨，顾某看丈夫很晚都没有回家，就不顾劳累拿了把伞去棋牌室找叶某，到了棋牌室却被告知叶某早走了，后辗转打听到他在一个40多岁的发廊女老板那里过夜。顾某赶到那里，将衣冠不整的叶某和发廊女老板逮个正着。事后朋友劝她，人老了就图个伴，其他的睁只眼闭只眼，就不要闹了。顾某咽不下这口气，以叶某违反"夫妻应当互相忠实"的规定起诉。请问丈夫发生婚外性行为，妻子起诉丈夫不忠实但不离婚，是否可以？

我国婚姻法第四条规定：夫妻应当互相忠实，互相尊重；家庭成员间应当敬老爱幼，互相帮助，维护平等、和睦、文明的婚姻家庭关系。夫妻应当互相忠实是婚姻法关于夫妻关系的原则性规定。夫妻一方违反忠实义务，有婚姻法第三十二条第三款第一项规定的"重婚或有配偶者与他人同居"情形，另一方向人民法院起诉离婚，调解无效的，应准予离婚。因此导致离婚的，无过错方还可以依据婚姻法第四十六条第一、二项规定，请求过错方损害赔偿。但无过错方不能仅以婚姻法第四条为依据提起诉讼。

小贴士

婚姻法解释一的第三条规定："当事人仅以婚姻法第四条为依据提起诉讼的，人民法院不予受理；已经受理的，裁定驳回起诉。"

20

精神疾病患者离婚，老年人想了解其手续办理程序与要求时，怎么办

齐某（夫）与梅某（妻）结婚多年，夫妻感情一般。梅某退休后热衷赌博，常常晨昏颠倒，也输了不少钱，对此齐某意见很大，两人多次为此事争吵。2005年一次大吵之后，梅某一气之下拿走家里20多万元存折离家出走，从此杳无音讯。2009年齐某在一次车祸受伤，治愈后得了严重的精神疾病，意识不清，生活不能自理，之后一直由齐某年近80的老母亲照顾。为了更好地保护齐某的合法权益，其母以齐某的名义提起离婚诉讼。请问精神疾病患者离婚，怎么办？

民事诉讼法意见第94条明确规定：无民事行为能力人的离婚案件，由其法定代理人进行诉讼。法定代理人与对方达成协议要求发给判决书的，可根据协议内容制作判决书。民法通则第十二、十三条规定，不满十周岁的未成年人及不能辨认自己行为的精神病人是无民事行为能力人。本案中齐某属于不能辨认自己行为的精神病患者，属于无民事行为能力人，其母亲作为其法定代理人可以提起离婚诉讼。而且本案中梅某离家出走多年，根据民法通则第二十条的规定，齐某的母亲可以作为利害关系人申请宣告梅某失踪，然后再提起离婚诉讼。根据婚姻法第三十二条的规定，此种情况法院应准予离婚。

小贴士

民事诉讼法意见第157条规定："无民事行为能力人的离婚诉讼，当事人的法定代理人应当到庭；法定代理人不能到庭的，人民法院应当在查清事实的基础上，依法作出判决。"

21

婚姻一方失踪另一方提出离婚，老年人面对这种状况时，怎么办

家住 J 省 N 市的张某，在一次洪水中与家人走散，从此再也没有回来，也没有任何消息。三年后，债权人李某为实现自己到期的债权，向人民法院申请宣告张某失踪。在法院公示的三个月内，张某仍未出现，最终被宣告失踪。两年后，失踪 5 年的张某仍然杳无音讯，张某的妻子杨某处于家境的窘迫，遂决定改嫁。于是她向法院提起了离婚诉讼。请问一方被宣告失踪，另一方提出离婚诉讼，该怎么办?

民法通则第二十条规定：公民下落不明满二年的，利害关系人可以向人民法院申请宣告他为失踪人。战争期间下落不明，下落不明的时间从战争结束之日起计算。根据民事诉讼法第一百六十八条的规定，人民法院受理宣告失踪、宣告死亡案件后，应当发出寻找下落不明人的公告。宣告失踪的公告期间为三个月，宣告死亡的公告期间为一年。因意外事故下落不明，经有关机关证明该公民不可能生存的，宣告死亡的公告期间为三个月。公告期间届满，人民法院应当根据被宣告失踪、宣告死亡的事实是否得到确认，作出宣告失踪、宣告死亡的判决或者驳回申请的判决。根据婚姻法第三十二条的规定，男女一方要求离婚的，可由有关部门进行调解或直接向人民法院提出离婚诉讼。一方被宣告失踪，另一方提出离婚诉讼的，应准予离婚。

此案中，张某被宣告失踪，杨某可以提出离婚诉讼，而且其离婚请求也可得到法院的支持。

小贴士

民法通则第二十二条还规定："被宣告失踪的人重新出现或者确知他的下落，经本人或者利害关系人申请，人民法院应当撤销对他的失踪宣告。"

22

要离婚不会写离婚诉状，老年人面对这种状况时，怎么办

年届 60 的周大爷是某市的一位退休工人，由于与老伴叶大妈性格不合，经常争吵，感情破裂。即便如此，思想保守的叶大妈也不愿意离婚。可是周大爷坚持离婚，于是想到法院起诉离婚。可是周大爷没什么文化，识字也不多，不会写诉状，而且也没有钱请律师。请问想离婚，不会写离婚起诉书怎么办？

根据婚姻法第三十二条第一款规定，男女一方要求离婚的，可由有关部门进行调解或直接向人民法院提出离婚诉讼。民事诉讼法第一百二十条规定：起诉应当向人民法院递交起诉状，并按照被告人数提出副本。书写起诉状确有困难的，可以口头起诉，由人民法院记入笔录，并告知对方当事人。民事诉讼法第一百二十三条规定：人民法院收到起诉状或者口头起诉，经审查，认为符合起诉条件的，

应当在 7 日内立案，并通知当事人；认为不符合起诉条件的，应当在 7 日内裁定不予受理；原告对裁定不服的，可以提起上诉。所以，周大爷可以向人民法院口头起诉，由人民法院记入笔录。

小贴士

起诉状亦称"诉状"。是指公民或法人因自身合法权益遭受侵害而向人民法院提起诉讼请求的文书。根据诉讼性质和目的不同，起诉状可以分为民事起诉状、行政起诉状和刑事自诉状三类。离婚诉讼属于民事诉讼，故一般情况下，提起离婚诉讼的原告应当向管辖的人民法院递交起诉状。考虑到个别当事人书写起诉状确有困难，为保障其诉讼权利，我国民事诉讼法规定了可口头起诉方式。

23

23

判决不准离婚后还想离婚，老年人面对这种状况时，怎么办

家住B市的高大爷与李大妈都已经退休了，在该颐养天年的时候却闹起了离婚。主要原因是两人婚姻期间没有共同语言，时常为了一点小事争吵，这种情况在两人退休后更加严重，脾气不好的李大妈争吵时还常摔东西。忍无可忍的高大爷就要离婚，想有个安静、舒适的晚年生活，但是李大妈死活不愿意。而且经过居委会的多次调解和好后，李大妈并没有收敛自己的坏脾气，反而指责高大爷有外遇。最终高大爷向法院起诉离婚。一、二审法院根据多方因素，认定双方感情尚未完全破裂，故判决不准离婚。高大爷并不满意这一结果，决意离婚。请问判决不准离婚后，还想起诉离婚，怎么办？

依据民事诉讼法第一百二十四条的规定，判决不准离婚和调解和好的离婚案件，判决、调解维持收养关系的案件，没有新情况、新理由，原告在6个月内又起诉的，不予受理。当然，如果在6个月内出现了新情况、新理由，

被告又起诉离婚的，人民法院会予以受理。6个月之后，即便没有新情况、新理由，原告又起诉离婚的，人民法院也会受理。

民事诉讼法关于判决不准离婚后当事人再次起诉离婚的限制规定，既是为了防止当事人的离婚请求今天被驳回，明天又上法院的"缠讼"现象发生，又是为了给当事人一个冷静的机会，让他们重新审视自己的婚姻，以挽救感情尚未真正破裂的婚姻。本案并没有出现新情况、新理由，只是高大爷不满意判决结果，故高大爷可在6个月之后起诉。

小贴士

民事诉讼法意见第一百四十四条第二款规定："原告撤诉或者按撤诉处理的离婚案件，没有新情况、新理由，六个月内又起诉的，可依照民事诉讼法第一百一十一条第（七）项的规定不予受理。"

24

离婚后妻子要求补偿，老年人面对这种状况时，怎么办

王某（夫）与赵某（妻）于1970年结婚，婚前两人书面约定婚后各自收入归个人所有。两年后女儿出生，此时王某的母亲也因中风卧床不起，为了照顾孩子、老人及王某的饮食起居，赵某辞掉了工作，平时靠摆地摊获得少许收入，家庭开支大部分由王某承担。2008年王某与赵某因感情不和分居，两年后王某向法院提出了离婚。离婚时赵某因抚育孩子、照顾家人付出较多义务，要求王某给予一定的补偿。请问夫妻离婚，操持家务多年的妻子能否要求对方补偿？

婚姻法第四十条规定：夫妻书面约定婚约存续期间所得的财产归各自所有，一方因抚育子女、照顾老人、协助另一方工作付出较多义务的，离婚时有权向另一方请求补偿，另一方应当予以补偿。本案中，王某与赵某书面约定了婚后各自收入归个人所有，赵某在共同生活中对家庭确实付出了更多义务，并且在离婚诉讼时向法院提出了要求王某补偿的请求，符合婚姻法的规定。本案中，赵某可以在离婚诉讼中向王某要求予以补偿。但是要注意的是该请求权的行使时间限于离婚之时，在离婚前和离婚后均不能向对方提出补偿。并且如果在离婚时不请求对方补偿的，对方可以不予补偿。离婚后该请求权随即消灭。

小贴士

配偶一方在家庭生活中付出较多义务的，要求补偿的，应在离婚的时候向对方提出。

25

夫妻分居未满两年想离婚，老年人面对这种状况时，怎么办

马某是一位家庭主妇，丈夫吕某经营着一家大公司，两人育有两个女儿，大女儿已上大学，小女儿还在上初中。因为吕某是个封建思想很严重的人，重男轻女，由于马某未给他生个儿子，常常因为一点小事就与她争吵，平时对家里的事也不管不问，过着衣来伸手、饭来张口的日子。在马某一次重病住院两个多月的日子里，吕某也没有尽到丈夫的义务，一次都没有来看望，甚至还打电话责骂马某败家。伤心绝望的马某出院后提出离婚，但是吕某不愿意分出一半的家产，不同意离婚。2008 年 3 月开始，马某开始与吕某分居，过了半年马某坚决离婚，并打算起诉到法院。请问双方感情不和分居未满两年，想起诉离婚怎么办？

婚姻法第三十二条规定："男女一方要求离婚的，可由有关部门进行调解或直接向人民法院提出离婚诉讼。人民法院审理离婚案件，应当进行调解；如感情确已破裂，调解无效，应准予离婚。有下列情形之一，调解无效的，应准予离婚：（一）重婚或有配偶者与他人同居的；（二）实施家庭暴力或虐待、遗弃家庭成员的；（三）有赌博、吸毒等恶习屡教不改的；（四）因感情不和分居满二年的；（五）其他导致夫妻感情破裂的情形。一方被宣告失踪，另一方提出离婚诉讼的，应准予离婚。"可见法院判决是否离婚的依据是感情是否已经破裂，"因为感情不和分居满二年"只是法院判决准予离婚的一种情形。本案中，马某与吕某因感情不和而分居，虽然分居没有满两年，但是如果感情确实已经破裂，法院也应判决准予离婚。

小贴士

判断感情是否破裂有很多因素，一般会考虑婚姻基础、婚后感情、离婚原因、是否有和好的可能性等因素。

26

配偶实施家庭暴力，老年人想请国家与社会帮助时，怎么办

张某与傅某都是离异再婚人士，婚后两人感情不错，能够相互理解与支持，很少有争吵。但是这种平静在傅某的一次酗酒后被打破。有次傅某参加老友聚会，喝醉了，回来张某抱怨了几句，立马被他拳打脚踢。第二天浑身受伤的张某准备搬走，傅某又跪地求饶，悔不当初，说自己昨晚心情不好喝多了才会这样的，再也不敢这样了，请求张某再给他一次机会，边说还边打自己的脸。张某一时心软就原谅他了。可是好景不长，傅某每次醉酒后都会对张某实施家庭暴力，事后又是故伎重演。痛苦万分的张某想寻求国家和社会的帮助，请问怎么办？

根据婚姻法第四十三条的规定，可以通过以下方式寻求国家和社会的帮助：实施家庭暴力或虐待家庭成员，受害人有权提出请求，居民委员会、村民委员会以及所在单位应当予以劝阻、调解。对正在实施的家庭暴力，受害人有权提出请求，居民委员会、村民委员会应当予以劝阻；公安机关应当予以制止。实施家庭暴力或虐待家庭成员，受害人提出请求的，公安机关应当依照治安管理处罚的法律规定予以行政处罚。

小贴士

婚姻法明确规定，禁止家庭暴力。婚姻法解释一的第一条规定："婚姻法第三条、第三十二条、第四十三条、第四十五条、第四十六条所称的'家庭暴力'，是指行为人以殴打、捆绑、残害、强行限制人身自由或者其他手段，给其家庭成员的身体、精神等方面造成一定伤害后果的行为。持续性、经常性的家庭暴力，构成虐待。"

27

配偶实施家庭暴力，老年人想追究其刑事责任时，怎么办

何女士与韩某结婚多年，一开始感情还不错。韩某做生意亏本之后，常常在家喝酒，喝醉酒后就对何女士大打出手。韩某一次喝醉酒，何女士上去拿走他的酒，韩某大为生气，一拳打在了何女士耳朵上，造成何女士左耳听力减退。请问配偶实施家庭暴力，想起诉追究其刑事责任，怎么办？

根据我国刑事诉讼法第一百七十条规定："自诉案件包括下列案件：（一）告诉才处理的案件；（二）被害人有证据证明的轻微刑事案件；（三）被害人有证据证明对被告人侵犯自己人身、财产权利的行为应当依法追究刑事责任，而公安机关或者人民检察院不予追究被告人刑事责任的案件"家庭暴力属于告诉才处理的案件，可以提起自诉。同时，婚姻法第四十五条规定：对重婚的，对实施家庭暴力或虐待、遗弃家庭成员构成犯罪的，依法追究刑事责任。受害人可以依照刑事诉讼法的有关规定，向人民法院自诉；公安机关应当依法侦查，人民检察院应当依法提起公诉。所以本案中，何女士若要追究韩某的刑事责任，可以向人民法院提起自诉。

我国刑法第二百三十四条规定："故意伤害他人身体的，处三年以下有期徒刑、拘役或者管制。犯前款罪，致人重伤的，处三年以上十年以下有期徒刑；致人死亡或者以特别残忍手段致人重伤造成严重残疾的，处十年以上有期徒刑、无期徒刑或者死刑。本法另有规定的，依照规定。"如果韩某的暴力行为构成故意伤害罪，可依此条处罚；如果其暴力行为是持续性、经常性的，也可构成虐待罪。

小贴士

面对家庭暴力，妇女同胞一定不能忍气吞声，要勇敢地站起来维护自己的合法权益。一方面可以向国家和社会寻求帮助，另一方面要拿起法律武器保护自己。

28

配偶实施家庭暴力，老年人想起诉离婚时，怎么办

罗某是一家化工厂的技术工人，妻子黄某为了家庭放弃工作，做起了全职家庭主妇。罗某大男子主义严重，什么事都以自我为中心，对妻子轻则动嘴，重则动手。一次，罗某甚至把黄某从楼梯上推下去，造成黄某左腿粉碎性骨折和脑震荡，留下了较为严重的后遗症。等到病情稳定了，黄某决意离开罗某，向人民法院起诉离婚。请问配偶实施家庭暴力，想起诉离婚怎么办？

根据婚姻法第三十二条的规定，男女一方要求离婚的，可由有关部门进行调解或直接向人民法院提出离婚诉讼。人民法院审理离婚案件，应当进行调解；如感情确已破裂，调解无效，应准予离婚。有实施家庭暴力或虐待、遗弃家庭成员情形，调解无效的，应准予离婚。黄某还可以在起诉离婚的同时请求损害赔偿。婚姻法第四十六条规定："有下列情形之一，导致离婚的，无过错方有权请求损害赔偿：……（三）实施家庭暴力的。"而对损害赔偿的范围，婚姻法解释一的第二十八条作了规定：婚姻法第四十六条规定的"损害赔偿"，包括物质损害赔偿和精神损害赔偿。涉及精神损害赔偿的，适用《最高人民法院关于确定民事侵权精神损害赔偿责任若干问题的解释》的有关规定。婚姻法解释一的第二十九条则对何种情况下可以获得赔偿作了规定：承担婚姻法第四十六条规定的损害赔偿责任的主体，为离婚诉讼当事人中无过错的配偶。

小贴士

在遭遇家庭暴力时，除了在婚内寻求社会和法律的帮助之外，同时也可以通过离婚远离施暴者。如果要提出损害赔偿的请求，应在离婚诉讼时提出，或者在办理离婚登记手续一年内提出。

29

配偶患有赌博恶习，老年人想起诉离婚时，怎么办

苏某与王某都是农村进城务工人员。苏某平时在一家建筑工地当搬运工，王某则在某家政公司做钟点工，日子虽清贫但也不失欢乐。工地闲暇时没有什么娱乐活动，大家就会凑到一起打牌，刚开始也都是小打小闹，苏某运气好也赢了一些钱。尝到甜头的他就不再去工地上班了，就到处去找人赌博，想不劳而获。随着赌注越来越大，苏某也输得越来越多。深陷其中的他不顾家人的劝阻，把妻子辛辛苦苦攒起来的钱输得一干二净后，开始变卖家里值钱的东西。这样的状况持续了一年多，心力交瘁的王某觉得这日子没法过下去了，于是提出离婚。请问配偶有赌博恶习，想起诉离婚怎么办？

根据婚姻法第三十二条的规定，男女一方要求离婚的，可由有关部门进行调解或直接向人民法院提出离婚诉讼。人民法院审理离婚案件，应当进行调解；如感情确已破裂，调解无效，应准予离婚。有赌博、吸毒等恶习屡教不改情形，调解无效的，应准予离婚。王某的情况属于这种情况。苏某有赌博恶习且屡教不改，法院应该支持王某的离婚请求。

小贴士

除有赌博、吸毒等恶习外，一方有好逸恶劳、酗酒、嫖娼、卖淫等其他严重危害夫妻感情的恶习屡教不改的，也应判决准予离婚。

30

配偶患有吸毒恶习，老年人想起诉离婚时，怎么办

郑某和程某是一对老夫妻，两人感情一直不错，而且两人收入很高，日子过得很富裕。一年前郑某退休了，感到无聊的郑某时常去棋牌室打牌，打发时间。棋牌室人员混杂，不久寂寞又出手大方的郑某被毒贩子盯上了。在毒贩子的引诱下，郑某从此走上了吸毒的道路。老伴程某发现郑某精神日益萎靡，身体日渐消瘦，在她的一再逼问下，郑某坦白了，并下定决心不再吸毒。在老伴的协助下老郑去戒毒中心戒毒。但是戒毒后不久的老郑没抵制住诱惑又开始了瘾君子的生活，而且毒瘾更大，甚至开始动用家里的存款。老伴和子女的一再劝诫也没能使老郑抵制住毒瘾。经过反复几次戒毒，程某觉得无望，决定起诉离婚。请问配偶有吸毒恶习，想离婚怎么办?

吸毒恶习不仅严重消耗了家庭财产，也严重影响了夫妻相互扶养义务的履行，夫妻共同生活所必备的条件已经丧失。有赌博、吸毒等恶习屡教不改，是婚姻法第三十二条第三款第三项规定的准予离婚情形之一。本案中，郑某有吸毒恶习，且屡教不改，其妻程某起诉离婚，具备婚姻法明确规定的准予离婚情形，如经调解无效，法院将准予离婚。

小贴士

老年人退休后生活落差较大，一方面自己要调整好心态；另一方面配偶及子女要多加关心，防止老年人因精神空虚误入歧途。

31

夫妻共同财产要进行离婚分割，老年人面对难以达成归属协议时，怎么办

　　施某与覃某经人介绍认识，并于1970年结婚，婚后育有两个儿子，夫妻关系较好。2000年50多岁的覃某和侄子下海做生意，从此嫌弃自己的妻子老土不懂潮流，常年不回家，只是每年往家寄一些钱。后覃某与他人关系暧昧，施某多次劝诫无果，同意覃某的离婚要求。两人来到街道办事处办理离婚登记，但是对财产如何处理没有协议，并对覃某下海期间的收入分割发生了争执，不能达成一致意见。请问离婚时分割共同财产达不成协议，怎么办？

　　双方自愿离婚也称登记离婚或协议离婚，需符合两个条件：第一，男女双方具有离婚的合意。申请办理离婚登记的男女，应当是完全民事行为能力人，属于限制行为能力人或无民事行为能力人的，婚姻登记机关不予受理。男女双方应当共同签署离婚协议书，未达成离婚协议的，婚姻登记机关不予受理。第二，已就对子女抚养、财产及债务处理等事项达成协议。如有子女，应当在双方共同签署的离婚协议书中就子女由何方抚养、抚养费的承担等事项达成协议。双方还应当对共同财产分割、债务清偿等问题达成协议。本案中，施某和覃某不仅应就离婚达成协议，也应在财产问题上意愿一致，再前往婚姻登记机关申请离婚。

小贴士

　　不能通过登记程序离婚，只能适用诉讼程序离婚的情形包括四种：一是夫妻一方要求离婚，对方不同意离婚；二是夫妻双方虽然自愿离婚，但对子女抚养、财产处理未达成协议；三是夫妻双方虽然自愿离婚，而且对财产分割、子女抚养等问题也达成协议，但当事人双方选择诉讼程序离婚；四是承认效力的事实婚姻。

32

房屋要进行离婚分割，老年人面对难以达成归属协议时，怎么办

张某和蔡某是夫妻，育有一儿一女，1982年进城打工。为了解决儿女的上学问题，1992年两人靠积蓄和亲友的借款，在市中心买了一套二手房，面积130平方米，从此扎根城市。2008年儿女都已长大成家，原本感情不和的张某和蔡某更因为经济问题产生更深的矛盾。最后两人分居，因为此时的房价已经节节攀高，房子的价值更是翻了几番，对于房子的所有权两人都不放弃，双方无法达成协议，2009年两人起诉离婚。请问夫妻离婚时，房屋归属无法达成协议，怎么办？

房子属于夫妻的共同财产，但不同于现金可以一分为二。婚姻法解释二的第二十条规定"双方对夫妻共同财产中的房屋价值及归属无法达成协议时，人民法院按以下情形分别处理：（一）双方均主张房屋所有权并且同意竞价取得，应当准许；（二）一方主张房屋所有权的，由评估机构按市场价格对房屋作出评估，取得房屋所有权的一方应当给予另一方相应的补偿；（三）双方均不主张房屋所有权的，根据当事人的申请拍卖房屋，就所得价款进行分割。"本案中，张某和蔡某都主张房屋的所有权，根据法律规定两人可以通过竞价取得该房屋所有权。

小贴士

婚姻法解释二的第二十二条还规定，当事人结婚前，父母为双方购置房屋出资的，该出资应当认定为对自己子女的个人赠与，但父母明确表示赠与双方的除外。当事人结婚后，父母为双方购置房屋出资的，该出资应当认定为对夫妻双方的赠与，但父母明确表示赠与一方的除外。

33

房改房登记在一方名下，老年人面对这类房产的离婚分割时，怎么办

梁某是某国企的老职工，其妻子刘某不是该单位的职工。1995年单位按照高级工程师的住房标准分配给梁某一套95平方米的住房。1998年单位根据省里的房改政策进行房改，将公有住房出售给职工。单位将住房以优惠价卖给了梁某及其家属，根据优惠幅度，梁某补交了5万元，取得房屋产权，房屋登记在梁某名下。2008年，梁某与刘某的关系恶化，最终以感情不和起诉离婚。此时房子的价值已经翻了好几番，双方都不愿意放弃房屋的产权。请问离婚时分割登记在一方名下的房改房怎么办？

房改房是指享受国家房改优惠政策的住宅，即职工或居民将现租住公房以标准价或成本价扣除折算后（旧住宅还要扣除房屋折算）购买的公房。婚姻法解释二的第十九条规定："由一方婚前承租、婚后用共同财产购买的房屋，房屋权属证书登记在一方名下的，应当认定为夫妻共同财产。"

已购房改房就属于"由一方婚前承租、婚后用共同财产购买"的情形。按照房改政策，房改房一般以承租者（如本单位职工）为购买人，但在计算房价时要考虑夫妻双方的工龄、职称等因素，且所支付的房改房房款也是双方共有财产。本案中登记在梁某名下的房改房，应属夫妻共同财产。

本案中的已购房改房既然是夫妻共同财产，就可按照婚姻法、婚姻法解释等规定进行分割。房屋一般不能进行实物分割，可以通过双方竞价、评估后归一方所有并给予另一方相应补偿和分割拍卖所得价款等方式处理。

小贴士

《国务院关于深化城镇住房制度改革的决定》（1994年7月18日）明确规定了职工以市场价、成本价或标准价购买住房的产权归属。

房产尚未取得所有权，老年人面对这类房产的离婚分割时，怎么办

2005 年 12 月，老李在市中心购买了一套预售商品住宅，首付 20 万元，剩余房款采用了贷款方式支付。2006 年 1 月，老李和女友张某结婚，婚后两人开始共同还贷。该商品房于 2007 年 6 月交付使用，但尚未取得产权证。2007 年 7 月，两人感情交恶，老李起诉离婚，并主张房子的所有权归他。而妻子张某并不同意，认为婚后两人共同还贷，房屋应属于夫妻共同财产。请问离婚时分割尚未取得所有权的房屋，怎么办？

婚姻法解释二的第二十一条规定：离婚时双方尚未取得所有权或者尚未取得完全所有权的房屋有争议且协商不成的，人民法院不宜判决房屋所有权的归属，应当根据实际情况判决由当事人使用。当事人就前款规定的房屋取得完全所有权后，有争议的，可以另行向人民法院提起诉讼。另据 2007 年颁布的物权法第九条第一款的规定，不动产物权的设立、变更、转让和消灭，经依法登记，发生效力；未经登记，不发生效力，但法律另有规定的除外。老李购买的商品住宅，虽已交付使用，但因未登记，故老李尚未取得该商品住宅的所有权，只拥有以该套商品住宅为标的的合同债权。法院可以可就该商品住宅合同债权作出判决，却不能判决该商品住宅的归属。双方可以协商确定该商品住宅合同债权的归属，或者在取得房屋完全所有权后再协商其归属，协商不成可另行起诉。

小贴士

我国物权法规定了物权公示原则。不动产物权的设立、变更、转让和消灭，应当依照法律规定登记。动产物权的设立和转让，应当依照法律规定交付。

35

企业投资出资额登记在一方名下，老年人面对这类财产的离婚分割时，怎么办

姜某是商人，董某是教师，两人已结婚25年。2008年两人感情出现问题，经多方努力仍无法和好。两人决定离婚，但是对于财产分割无法达成一致的意见，主要分歧在于姜某在一家有限责任公司拥有的出资额不知如何分割。姜某认为这是他个人的投资，应该属于他。董某认为姜某在结婚后对该有限责任公司投资，投资的钱是夫妻共有的财产，她有权分割该投资额。请问离婚时分割一方在有限责任公司的出资额，该怎么处理？

姜某在一家有限责任公司拥有的出资额，虽以姜某一方名义拥有，但因属婚姻关系存续期间所得财产且未约定一方所有，故属夫妻共同财产。依据婚姻法解释二的第十六条第一款的规定："人民法院审理离婚案件，涉及分割夫妻共同财产中以一方名义在有限责任公司的出资额，另一方不是该公司股东的，按以下情形分别处理：（一）夫妻双方协商一致将出资额部分或者全部转让给该股东的配偶，

过半数股东同意、其他股东明确表示放弃优先购买权的，该股东的配偶可以成为该公司股东；（二）夫妻双方就出资额转让份额和转让价格等事项协商一致后，过半数股东不同意转让，但愿意以同等价格购买该出资额的，人民法院可以对转让出资所得财产进行分割。过半数股东不同意转让，也不愿意以同等价格购买该出资额的，视为其同意转让，该股东的配偶可以成为该公司股东。"本案中董某可以按照以上的方法解决。

小贴士

婚姻法第十九条第一款规定：夫妻可以约定婚姻关系存续期间所得的财产以及婚前财产归各自所有、共同所有或部分共同各自所有、部分共同所有。约定应当采用书面形式。没有约定或约定不明确的，适用本法第十七、十八条的规定。

36

股票投资登记在一方名下，老年人面对这类资产的离婚分割时，怎么办

上海证券交易所、深圳证券交易所先后于 1990 年、1991 年开业后，我国股民的规模日益扩大。据有关资料显示，截至 2010 年 11 月 19 日，沪深两市共有 A 股账户 1.502736 亿户。证券资产已经成为家庭资产的重要构成部分，由此带来了离婚时分割证券资产的问题。

2010 年 3 月妻子薛某因为夫妻感情不和诉至法院要求与丈夫胡某离婚。在离婚过程中，双方均同意离婚，但是对于部分财产的分割产生了分歧。在婚姻存续期间，胡某进行股票投资，购买了多种股票。离婚时，薛某要求把股票卖了变现然后分割，而胡某认为股票是投资方式，需要长期进行，卖了可惜，应该按照份额分割。请问，离婚时分割共同财产中的股票，该怎么处理？

婚姻法解释二的第十五条规定：夫妻双方分割共同财产中的股票、债券、投资基金份额等有价证券以及未上市股份有限公司股份时，协商不成

或者按市价分配有困难的，人民法院可以根据数量按比例分配。本案中，薛某和胡某可以按市价分配，也可以按照数量比例分配。

依据《证券登记结算管理办法》（2006 年 4 月 7 日中国证券监督管理委员会令第 29 号公布，根据 2009 年 11 月 20 日修订）第二十九条规定，证券在证券交易所上市交易的，证券登记结算机构应当根据证券交易的交收结果办理证券持有人名册的变更登记。证券以协议转让、继承、捐赠、强制执行、行政划拨等方式转让的，证券登记结算机构根据业务规则变更相关证券账户的余额，并相应办理证券持有人名册的变更登记。证券因质押、锁定、冻结等原因导致其持有人权利受到限制的，证券登记结算机构应当在证券持有人名册上加以标记。

37

合伙企业资产在一方名下，老年人面对这类资产的离婚分割时，怎么办

于某是一位小学老师，丈夫金某是一家合伙企业的合伙人。由于两人平时工作繁忙，交流较少，渐渐地感情出现了裂痕，争吵渐多。之后，金某常常待在企业不回家。2010年，于某以夫妻感情破裂向法院提起离婚诉讼。经过法院调解无效后，法院判决准予离婚，但是对金某在合伙企业中的财产如何分割产生了分歧。请问离婚时分割合伙企业财产，怎么办？

根据婚姻法解释二的第十七条规定："人民法院审理离婚案件，涉及分割夫妻共同财产中以一方名义在合伙企业中的出资，另一方不是该企业合伙人的，当夫妻双方协商一致，将其合伙企业中的财产份额全部或者部分转让给对方时，按以下情形分别处理：（一）其他合伙人一致同意的，该配偶依法取得合伙人地位；（二）其他合伙人不同意转让，在同等条件下行使优先受让权的，可以对转让所得的财产进行分割；（三）其他合伙人不同意转让，也不行使优先受让权，但同意该合伙人退伙或者退还部分财产份额的，可以对退还的财产进行分割；（四）其他合伙人既不同意转让，也不行使优先受让权，又不同意该合伙人退伙或者退还部分财产份额的，视为全体合伙人同意转让，该配偶依法取得合伙人地位。"

小贴士

根据法律规定合伙人的配偶可以取得合伙人的地位，但是要成为真正的合伙人，还需要按照合伙企业法的相关规定进行，办理各种相关手续。

38

知识产权收益分割是难题，老年人面对这类资产的离婚分割时，怎么办

林某是单位的工程师，退休后喜欢自己搞些研究设计，已经申请了3个专利，其中一项已经投入生产，获得了一些收益。李某是林某的妻子，是某高校的退休教师。两人在生活中产生矛盾，互不相让，最后导致离婚。离婚时，李某要求分割林某的专利。林某觉得这是个人财富，而且其中两个还未产生收益，妻子李某更无权要求分割，故不同意。请问离婚时一方请求分割另一方尚未获得的知识产权收益，怎么办？

婚姻法第十七条规定："夫妻在婚姻关系存续期间所得的下列财产，归夫妻共同所有：（一）工资、奖金；（二）生产、经营的收益；（三）知识产权的收益；（四）继承或赠与所得的财产，但本法第十八条第三款规定的除外；（五）其他应当归共同所有的财产。"夫妻对共同所有的财产，有平等的处理权。婚姻法解释二的第十二条规定：婚姻法第十七条第三项规定的"知识产权的收益"，是指婚姻关系存续期间，实际取得或者已经明确可以取得的财产性收益。法律规定可以分割的是知识产权产生的收益，而非知识产权。所以本案中，在知识产权方面，李某可以请求分割已投入生产的专利所产生的收益，不能请求分割专利。

小贴士

知识产权，也称智力成果权，是指基于脑力劳动所创造的智力成果所享有的权利。民法通则规定了6种知识产权类型，即著作权、专利权、商标权、发现权、发明权和其他科技成果权。

39

诉讼期间收益分割难度大，老年人面对这类资产的离婚分割时，怎么办

倪某与葛某于 1975 年结婚，婚后由于没有共同语言，感情一直不好。2008 年，倪某退休了，觉得夫妻间无法共同生活，提出了离婚，葛某不同意。之后倪某就搬出去自己住了，2009 年 4 月，提起离婚诉讼。在离婚诉讼期间，倪某的父亲去世了，生前未订立遗嘱，留有价值 20 多万元的遗产。倪某是其父亲的唯一继承人。葛某知道后，提出应将此遗产作为夫妻共同财产进行分割。倪某不同意，觉得已经申请离婚了，而且这笔收入是分居期间所得。请问分割离婚诉讼期间的收入，怎么办？

依据婚姻法第十七条的规定，夫妻在婚姻关系存续期间继承或赠与所得的财产，归夫妻共同所有，但婚姻法第十八条第三项规定的除外。婚姻法第十八条第三项规定：遗嘱或赠与合同中确定只归夫或妻一方的财产。本案中，倪某虽与葛某分居，且进行离婚诉讼，但两人的婚姻关系并未解除。倪某继承的遗产并未通过遗嘱确定只归倪某所有，所以属于夫妻共同财产。本案中，倪某继承的遗产属于夫妻共同财产。

小贴士

我国婚姻法确立了法定财产制和约定财产制相结合的夫妻财产制，其中法定财产制为婚后所得财产制。夫妻在婚姻关系存续期间所得的财产归夫妻共同所有是一般规则，婚姻法第十八条第三项规定的财产归夫妻一方的财产是特殊情形。如果希望自己的财产只归自己的子女所有而不归子女与其配偶共有，就需通过遗嘱或赠与合同确定只归自己的子女所有。否则，子女继承遗产或受赠财产后，作为婚姻关系存续期间所得的财产，将归子女与其配偶共有。

40

婚前财产婚后被消耗，老年人面对要求以共同资产抵偿时，怎么办

陈某（男）与华某（女）在结婚前曾书面约定婚前财产归各自所有，并做了公证。陈某婚前有房子一套，华某有个人财产20万元，轿车一辆。婚后，陈某工资较低，不够养家糊口，华某常常从自己的个人财产中拿出钱补贴家用，轿车也一直由陈某和华某共同使用。婚后20年，陈某与华某常常为生活琐事发生争吵，有时甚至大打出手。这样的状况持续几年后，陈某与华某决定离婚，但是在财产分割方面存在分歧。华某认为自己婚前有20万元个人财产，婚后因补贴家用现在只剩不到10万元，而且轿车也已经报废，所以应该从现在夫妻的共同财产中补偿她的损失。请问婚前个人财产婚后消耗，离婚时要求以共同财产抵偿，怎么办？

婚姻法第十九条规定：夫妻可以约定婚姻关系存续期间所得的财产以及婚前财产归各自所有、共同所有或部分共同各自所有、部分共同所有。约定应当采用书面形式。没有约定或

约定不明确的，适用本法第十七条、第十八条的规定。夫妻对婚姻关系存续期间所得财产以及婚前财产所作的约定，对双方具有约束力。所以陈某与华某婚前财产约定是受法律保护的。《最高人民法院关于人民法院审理离婚案件处理财产分割问题的若干具体意见》第十六条规定：婚前个人财产在婚后共同生活中自然毁损、消耗、灭失，离婚时一方要求以夫妻共同财产抵偿的，不予支持。华某婚后自愿将自己的个人财产补贴家用，小轿车在使用过程中也自然消耗，不能要求以夫妻共同财产抵偿她的损失。

小贴士

婚前财产公证在我国是近几年新开办的一项公证业务。它有助于明确夫妻双方婚前财产的数量、范围、价值和产权归属，是解决婚姻、财产纠纷的可靠证据。

41

偿还债务是共同责任，老年人面对离婚一方所欠赌博债务时，怎么办

　　王某（夫）与赵某（妻）于1987年结婚。婚后，王某游手好闲，嗜赌成性，两人感情一直不好。因为王某嗜赌到处欠债，对家庭不管不问，赵某万般无奈，只得与王某离婚。得知王某和赵某要离婚，债主们纷纷上门要求王某还钱。请问离婚时一方有因赌博所欠债务，怎么办？

　　根据婚姻法第四十一条规定，离婚时，原为夫妻共同生活所负的债务，应当共同偿还。共同财产不足清偿的，或财产归各自所有的，由双方协议清偿；协议不成的由人民法院判决。夫妻共同债务是指在婚姻关系存续期间，夫妻双方或一方为维持共同生活的需要，或出于共同生活的目的从事经营活动所引起的债务。王某因赌博欠下的债务，不是为了夫妻共同生活，所以不属于夫妻共同债务。王某和赵某离婚时，赵某对王某因赌博欠下的债

务，没有偿还的义务。

　　赌博是违法行为，严重危害家庭幸福。因赌债不是合法的债权债务关系，法律规定其非法所得应予以没收。因赌博而向他人借的款属于个人债务，不应由夫妻共同财产来偿还。

小贴士

　　夫妻共同债务主要包括：一、夫妻为共同生活或为履行抚养、赡养义务等所负债务；二、夫妻一方或双方为治疗疾病所负的债务；三、个体工商户、农村承包经营户夫妻双方共同经营所欠的债务，以及其他为共同生活目的从事经营活动所引起的债务。符合上述条件的，无论是以个人名义还是夫妻双方名义与第三人之间所生的债务，均为夫妻共同债务。

42

离婚前双方约定财产归各自所有，老年人面对离婚后第三人要求还钱时，怎么办

王某与蓝某都是离异后再婚的，结婚时书面约定婚姻关系存续期间所得财产以及婚前财产归各自所有，平时的生活开支由双方共同支付。婚后两人都有稳定收入，感情不错。几年后两人退休，退休后王某热衷于享乐游玩，经常出入高档场所，渐渐入不敷出，王某就以家里急用为由向朋友借钱。蓝某劝说无果后坚决要求离婚。离婚时，王某的朋友开始上门要钱，对此蓝某觉得既然约定财产归各自所有，债务也该如此，但是王某的朋友不同意，一定要蓝某还钱。请问夫妻约定婚姻存续期间所得财产归各自所有，离婚时第三人要求还钱，怎么办？

依据婚姻法第十九条的规定，夫妻可以约定婚姻关系存续期间所得的财产以及婚前财产归各自所有、共同所有或部分共同各自所有、部分共同所有。约定应当采用书面形式。没有约定或约定不明确的，适用本法第十七条、第十八条的规定。夫妻对婚姻关系存续期间所得财产以及婚前财产所作的约定，对双方具有约束力。夫妻对婚姻关系存续期间所得的财产约定归各自所有的，夫或妻一方对外所负的债务，第三人知道该约定的，以夫或妻一方所有的财产清偿。本案中，蓝某如果可以举证"第三人知道该约定的"，那么蓝某不用承担王某的债务，由王某以自己的财产承担债务；如果蓝某不能举证，不能以此约定对抗不知情第三人，蓝某需要对外承担王某的债务。

小贴士

婚姻法解释一的第十八条规定：婚姻法第十九条所称"第三人知道该约定的"，夫妻一方对此负有举证责任。

43

共同财产共同所有，老年人面对离婚一方隐匿共同财产时，怎么办

马某和楼某结婚30余年，后因夫妻感情出现裂痕难以共同生活下去。经过法院审判，分割了夫妻的共同财产。离婚后楼某在收拾书柜时找到一些文件，才知道在离婚前马某用夫妻共同财产另外开户投资于股市。楼某找到马某，主张这一部分财产自己也享有所有权，应当与马某平分。马某认为双方已经离婚，而且财产已经分割完毕，现在的股票资产应该归自己所有。多次协商未果，楼某决定寻求法律的帮助。针对在离婚后发现马某隐匿夫妻共同财产的行为，楼某能否要求重新分割？

根据婚姻法第十七条规定，夫妻在婚姻关系存续期间所得生产、经营的收益，归夫妻共同所有。马某开户的资金是夫妻关系存续期间夫妻共有财产，基于这部分夫妻共有财产投资经营所得的收益，应当归夫妻共有。婚姻法第四十七条规定：离婚时，一方隐藏、转移、变卖、损毁夫妻共同财产，或伪造债务企图侵占另一方财产的，分割夫妻共同财产时，对隐藏、转移、变卖毁损夫妻共同财产或伪造债务的一方，可以少分或不分。离婚后，另一方发现有上述行为的，可以向人民法院提起诉讼，请求再次分割夫妻共同财产。人民法院对前款规定的妨害民事诉讼的行为，依照民事诉讼法的规定予以制裁。根据法律规定，楼某在离婚后发现马某有隐藏夫妻共同财产的行为，可以向人民法院提起诉讼，请求再次分割夫妻共同财产。需要注意的是，离婚后当知道对方有婚姻法第四十七条提到的几种情况时，当事人应当在知道情况后的两年内提起诉讼，否则会因为已过诉讼时效而不予支持。

小贴士

夫妻任何一方均有权了解家庭的财产状况。

44

离婚一审未提损害赔偿要求，老年人想知道以后是否还能提出时，怎么办

熊某与谢某是在长辈的介绍下认识的，当时熊某在一家国企当中层领导，谢某是一家纺织厂的女职工，由于她的勤劳、贤惠博得长辈的喜欢，所以在家长的要求下，熊某不情愿地娶了谢某。熊某经常看不惯谢某，对其实施家庭暴力，导致谢某身体多处受伤，右耳甚至被熊某打聋。即便如此谢某仍旧逆来顺受。熊某有了外遇之后，提出离婚，谢某不同意，熊某就起诉离婚。一审判决不准离婚，熊某上诉。看着熊某如此无情无义，谢某也死心了，于是想要熊某对自己的损害进行赔偿。请问离婚一审时未基于婚姻法第四十六条规定提出损害赔偿请求，怎么办？

婚姻法第四十六条规定了离婚损害赔偿。在适用该条时，应当区分以下不同情况：一、符合婚姻法第四十六条规定的无过错方作为原告基于该条规定向人民法院提起损害赔偿请求的，必须在离婚诉讼的同时提出。

二、符合婚姻法第四十六条规定的无过错方作为被告的离婚诉讼案件，如果被告不同意离婚也不基于该条规定提起损害赔偿请求的，可以在离婚后一年内就此单独提起诉讼。三、无过错方作为被告的离婚诉讼案件，一审时被告未基于婚姻法第四十六条规定提出损害赔偿请求，二审期间提出的，人民法院应当进行调解，调解不成的，告知当事人在离婚后一年内另行起诉。本案中，谢某可以在二审中提出损害赔偿请求，如法院调解不成，则可在离婚后一年内另行起诉。

小贴士

婚姻法第四十六条的规定是有下列情形之一，导致离婚的，无过错方有权请求损害赔偿：一、重婚的；二、有配偶者与他人同居的；三、实施家庭暴力的；四、虐待、遗弃家庭成员的。

45

财产分割有协议，老年人面对离婚后一方不履行协议时，怎么办

郭某（夫）与谢某（妻）结婚30年，夫妻感情很差，为了子女勉勉强强生活在一起。等到子女都已成家立业，自己也退休了，两人都想过个安详的晚年，就登记离婚了，并签署了包含财产分割内容的离婚协议书。房子及家电归谢某，奥迪轿车和存款50万元归郭某。但是离婚后房价攀升，一下子翻了一番。这时郭某觉得财产分割不公平，自己吃亏了，于是拒绝从房子里搬出去。谢某觉得离婚财产协议对双方都有约束力的，是受法律保护的，所以想申请法院强制执行。请问登记离婚后一方不履行财产分割协议，怎么办？

在婚姻登记机关中自愿达成的财产分割协议书不能要求法院执行，要通过诉讼程序进行。婚姻法解释二的第八条规定：离婚协议中关于财产分割的条款或者当事人因离婚就财产分割达成的协议，对男女双方具有法律约束力。当事人因履行上述财产分割协议发生纠纷提起诉讼的，人民法院应当受理。该解释第九条规定：男女双方协议离婚后一年内就财产分割问题反悔，请求变更或撤销财产分割协议的，人民法院应当受理。人民法院审理后，未发现订立财产分割协议时存在欺诈、胁迫等情形的，应当依法驳回当事人的诉讼请求。本案中，对于郭某不执行财产分割协议的情况，谢某可以通过诉讼途径来实现自己的权利。如果协议订立过程中存在欺诈、胁迫等情形的，郭某也可以通过诉讼请求变更或撤销财产分割协议。

小贴士

新婚姻法解释第十七条指出，夫妻在婚姻关系存续期间所得的下列财产，归夫妻共同所有：（一）工资、奖金；（二）生产、经营的收益；（三）知识产权的收益；（四）继承或赠与所得的财产，但本法第十八条第三项规定的除外；（五）其他应当归共同所有的财产。

夫妻对共同所有的财产，有平等的处理权。

46

夫妻双方应互相帮助，老年人面对离婚夫妻一方需要帮助时，怎么办

秦某与妻子李某结婚以来，虽然性格一直不合，但是也没有分手。临近退休了，秦某想过清净日子，故打算与李某离婚。老两口住的房子是当年结婚前秦某自己掏钱买的，所以房子属于秦某个人财产。李某没有工作，以前都靠秦某挣钱养活，如果离婚了，生活就没有了着落，而且连住的地方都没有。离婚诉讼时，秦某认为房子是自己的，要求李某搬走。李某以自己生活困难要求秦某帮助，秦某不答应。请问离婚时夫妻一方生活困难需要帮助时，怎么办？

根据婚姻法第四十二条规定："离婚时，如一方生活困难，另一方应从其住房等个人财产中给予适当帮助。具体办法由双方协议，协议不成时由人民法院判决。"意思是说，离婚时夫妻任何一方有困难，另一方是有义务帮助的。婚姻法解释一的第二十七条规定：婚姻法第四十二条所称"一方生活困难"是指依靠个人财产和离

婚时分得的财产无法维持当地基本生活水平。一方离婚后没有住处的，属于生活困难。离婚时，一方以个人财产中的住房对生活困难者进行帮助的形式，可以是房屋的居住权或者房屋的所有权。根据以上分析，李某确实属于生活困难，秦某有帮助的义务。法院应该支持李某的请求。

小贴士

婚姻法规定的"适当帮助"应符合以下条件：第一，需要帮助的一方确实有生活困难，如无劳动能力、无生活来源或其收入不足以维持当地群众的基本生活水平。第二，这种困难必须是在离婚时现实的、已经存在的，而不是离婚后发生的。第三，这种帮助一般是短期的、暂时的。如果受助方再婚，则再婚配偶应依法承担扶养义务。第四，给予帮助的一方必须有负担能力。

47

欲与前夫复婚，老年人想知道如何履行手续时，怎么办

贾某（夫）与姜某（妻）退休后因性格不合，经常吵闹，导致感情破裂，2009年经法院调解无效，判决准予离婚。贾某和朋友合伙做塑料生意，还开了家小超市，日子越过越红火。姜某离婚后靠做钟点工维持生活。姜某在替一户人家打扫卫生时，不小心从楼上摔下来导致右腿骨折。贾某动了恻隐之心，将姜某接到家中养伤，由此两人逐渐恢复了感情。贾某、姜某准备复婚。请问复婚应当办理什么手续？

复婚是已离婚的男女双方又自愿恢复夫妻关系，到婚姻登记机关办理登记手续，重新确立婚姻关系的一种法律行为。婚姻法第三十五条规定：离婚后，男女双方自愿恢复夫妻关系的，必须到婚姻登记机关进行复婚登记。《婚姻登记条例》第十四条规定：离婚的男女双方自愿恢复夫妻关系的，

应当到婚姻登记机关办理复婚登记。复婚登记适用本条例结婚登记的规定。《婚姻登记条例》第四条、第五条规定了结婚登记的程序。该条例第四条第一款规定：内地居民结婚，男女双方应当共同到一方当事人常住户口所在地的婚姻登记机关办理结婚登记。条例第五条第一款规定：办理结婚登记的内地居民应当出具下列证件和证明材料：（一）本人的户口簿、身份证；（二）本人无配偶以及与对方当事人没有直系血亲和三代以内旁系血亲关系的签字声明。

小贴士

如果不经复婚登记，自行同居，既不能取得合法的夫妻身份，也不能得到婚姻法的保护。

48

"假离婚"后一方不愿复婚，老年人遇到这种情况时，怎么办

叶某（夫）与徐某（妻）两人婚后感情尚好。后叶某移情别恋，喜欢上本单位的少妇曹某。曹某离婚后，叶某便想娶其为妻。但叶某深知徐某的脾气，不会同意，于是他想出一个办法。叶某回家愁眉苦脸地对妻子说，路上一算命先生告诉他最近有血光之灾，除非离婚让妇女搬出此屋单身过一年方可消除灾难。隔天，叶某让安排好的算命先生偶遇其妻，然后把事情再说一遍。妻子回家后对此深信不疑，担心地对丈夫说：要不先假离婚，然后等一年满了她再回家复婚。叶某听了心里暗自高兴，表面无奈地同意了。等他们领取离婚证之后不久，叶某就带着曹某住进来了。徐某知道后大呼上当，马上回去要求与叶某复婚，叶某不同意。请问"假离婚"后一方不复婚，怎么办？

婚姻法第三十一条规定：男女双方自愿离婚的，准予离婚。双方必须到婚姻登记机关申请离婚。婚姻登记机关查明双方确实是自愿并对子女和财产问题已有适当处理时，发给离婚证。婚姻登记机关对于离婚是否自愿进行的是形式审查，而且本案中徐某也无法证明其在离婚时是不自愿的，所以拿到离婚证时，她与叶某婚姻关系就已经结束。至于复婚对方不同意就不能进行复婚登记。本案中，徐某与叶某拿到离婚证时双方的婚姻关系已经解除，叶某不同意复婚，徐某与叶某就无法恢复婚姻关系。

小贴士

某些人出于各种原因（比如规避）考虑进行"假离婚"，但是这是有很大风险的，因为离婚在法律上就是婚姻关系的终止，不存在真假问题，所以办理离婚登记前一定要三思而后行。

49

离婚后未办手续又同居，老年人面对这种情况时，怎么办

　　魏某（夫）与金某（妻）两人退休后因感情不和于2005年自愿离婚。离婚后一年，两个人又住在了一起，对外则声称复婚了，但一直未办复婚手续。2009年魏某不幸遇车祸身亡。保险公司和肇事司机向死者家属共赔偿了45万余元，此款全部被魏某的兄弟姐妹领走。魏某的兄弟姐妹不承认金某是魏某的妻子，并要将她赶出魏某生前所有的房屋。请问老年人离婚后又同居但未办复婚手续，是否属于事实婚姻？

　　关于事实婚姻，婚姻法解释一的第五条规定，按婚姻法第八条规定未办理结婚登记而以夫妻名义共同生活的男女，起诉到人民法院要求离婚的，应当区别对待：（一）1994年2月1日民政部《婚姻登记管理条例》公布实施以前，男女双方已经符合结婚实质要件的，按事实婚姻处理；（二）1994年2月1日民政部《婚姻登记管理条例》公布实施以后，男女双方符合结婚实质要件的，人民法院应当告知其在案件受理前补办结婚登记；未补办结婚登记的，按解除同居关系处理。该司法解释还规定，男女双方根据婚姻法第八条规定补办结婚登记的，婚姻关系的效力从双方均符合婚姻法所规定的结婚的实质要件时起算。本案中金某与魏某已经离婚，后虽然居住在一起，但是未办理复婚登记，双方不具有夫妻的身份，也不符合认定事实婚姻的条件，所以魏某死亡的赔偿金以及魏某的房子金某均无权继承。

小贴士

　　继承法第十四条规定："对继承人以外的依靠被继承人扶养的缺乏劳动能力又没有生活来源的人，或者继承人以外的对被继承人扶养较多的人，可以分给他们适当的遗产。"非婚同居者虽然不具有继承人的身份，如果具备上述情形，可以分给他们适当比例的遗产。

第二章

家庭赡养

——养儿日鲜　养老莫嫌

【导语】家庭保障、职业收入、社会保障、土地保障都是生活保障体系的重要支柱。家庭为一个成员提供了一张结实的保护网。在我国社会保障体系尚不健全的情况下，家庭保障显得更加重要。本章所说的家庭赡养，就主体而言，既包括老年夫妻相互扶养，也包括子女对父母的赡养；就内容而言，既包括物质赡养，也包括精神赡养（生活照顾和精神慰藉）。

1

非婚同居的一方对另一方没有扶养义务，老年人遇到这种
情况时，怎么办

杨老伯年逾六旬丧偶多年，2005年与本村的离异老人姚大妈走到了一起，但一直没有办理结婚登记手续。后来，姚大妈因生重病需要一笔钱，她自己的积蓄不够，便请杨老伯拿出几万元钱。杨老伯一时犹豫不决，他的几个子女在得到风声后纷纷上门，先是劝阻，后更是要将姚大妈赶走。最后，姚大妈也只得"摊牌"："我白白给你做了几年老婆，现在想赶我走，没那么容易！"于是姚大妈准备到法院起诉杨老伯，要求支付自己的部分医疗费。

杨老伯和姚大妈一起生活，但未办结婚登记手续，故属非婚同居关系，不具备夫妻身份，也不属于事实婚姻。由于非婚同居不属婚姻关系，故我国婚姻法未作调整。姚大妈生病需要花钱，杨老伯作为同居者，在道义上应当帮助，但在法律上没有扶养义务。

我国婚姻法规定，夫妻有互相扶养的义务。一方不履行扶养义务时，需要扶养的一方，有要求对方付给扶养费的权利。杨老伯和姚大妈不是夫妻，故不适用该条规定。如果杨老伯和姚大妈同居期间有共同财产存在，可以向法院起诉分割财产。

小贴士

婚姻法解释二的第一条规定："当事人起诉请求解除同居关系的，人民法院不予受理。但当事人请求解除的同居关系属于婚姻法第三条、第三十二条、第四十六条规定的'有配偶者与他人同居'的，人民法院应当受理并依法予以解除。当事人因同居期间财产分割或者子女抚养纠纷提起诉讼的，人民法院应当受理。"

② 夫妻具有相互扶养义务，当一方拒绝履行这项义务时，怎么办

陈老爹和胡老太已结婚40余年。胡老太过了60周岁后，身体每况愈下，生活越来越依赖陈老爹的照顾。时间一久，陈老爹厌倦了这样的生活，竟提出要丢下胡老太，分开生活，并拒绝履行其对胡老太的扶养义务。胡老太迫于无奈，将陈老爹告上了法庭。

婚姻法第二十条第一款明确规定，夫妻有相互扶养的义务。所谓扶养，是指经济上的相互供养与生活上的相互扶助。夫妻作为共同生活的伴侣，一方在年老、患病、丧失劳动能力或没有固定经济收入的情况下，有扶养能力的一方，更应主动扶助对方。一方不履行扶养义务时，需要扶养的一方，有要求对方付给扶养费的权利。夫妻之间的这种权利义务关系，是基于婚姻关系而产生的，不受感情等因素的影响。只要夫妻关系在法律上还存在，一方生活困难时，对方就有义务予以扶养。即使夫妻感情极差，一方已经提出离婚请求，只要离婚判决还未作出或已作出的离婚判决尚未生效，相互之间仍然负有扶养对方的义务。如果一方拒不履行扶养义务，其配偶有权利向其索要扶养费。婚姻法第二十条第二款规定："一方不履行扶养义务时，需要扶养的一方，有要求对方付给抚养费的权利。"双方若因扶养费发生了纠纷，根据老年人权益保障法的规定，可由有关部门进行调解或直接向人民法院提起诉讼。请求对方给付扶养费。对方拒不执行有关扶养费的裁决时，人民法院可依法强制执行。

小贴士

夫妻相互扶养义务的承担，既是婚姻关系得以维持和存续的前提，也是夫妻共同生活的保障。

3

赡养是法定义务，老年人想知道谁该负有这项义务时，怎么办

张老爹一直与独生儿子及儿媳一起生活。不幸的是，两年前，张老爹的儿子因车祸意外身亡。又过了几年，张老爹年逾古稀，精力大不如前，生活越来越力不从心。儿媳是个失业职工，即使她愿意尽赡养义务也没有赡养能力。张老爹的孙子小张经济状况尚可。张老爹20年前还收养过一个10岁的流浪儿小王，如今小王早已结婚生子，但由于婆媳关系不和，早在3年前已经和张老爹解除了收养关系。张老爹17岁时，父亲去世了。他供养两个弟弟继续上学，后来两个弟弟都很有出息，日子过得都不错。现在张老爹年事已高，又没有其他生活来源，他该找谁来赡养自己，保障自己的晚年生活呢？

婚姻法第二十八条规定：有负担能力的孙子女、外孙子女，对于子女已经死亡或子女无能力赡养的祖父母、外祖父母，有赡养的义务。本案中，张老爹的独生子虽然已经死亡，孙子小张又有负担能力，完全符合法律规定，所以，小张有赡养的义务。收养法第三十条规定，收养关系解除后，经养父母扶养的成年养子女，对缺乏劳动能力又缺乏生活来源的养父母，应当给付生活费。由此可见，如果小王拒不给付生活费，张老爹可以向法院提起诉讼，用法律维护自己的合法权益。婚姻法第二十九条规定，由兄、姐扶养长大的有负担能力的弟、妹，对于缺乏劳动能力又缺乏生活来源的兄、姐，有扶养的义务。同时，老年人权益保障法第十六条也规定："由兄、姊扶养的弟、妹成年后，有负担能力的，对于年老无赡养人的兄、姊有扶养的义务。"所以，张老爹也可要求两个弟弟帮助自己。

小贴士

我国法律分别以赡养、扶养、抚养概念表示不同亲属间的相互供养和扶助。子女对父母，或者孙子女、外孙子女对祖父母、外祖父母的供养义务称为"赡养"。

4

孤寡老人无依无靠，老年人担心自己无人赡养时，怎么办

一般情况下，老年人的赡养问题由家庭承担，老年人的子女和其他亲属依法负有赡养老年人的义务。但是，有一些老年人无儿无女，也没有其他赡养人。他们的养老问题怎么办呢？

孙老爹天生性格孤僻，年轻时别人曾多次给他介绍对象，但是由于种种原因，他一个都看不中，一直一个人生活。慢慢地，步入了老年人行列的孙老爹，仍旧"孤家寡人"一个。随着年龄越来越大，孙老爹小病不断、大病频袭，三天两头往医院里跑。刚开始，有些老邻居们还能帮他，可是时间久了，关系再好的邻居也顾不上他了，孙老爹的养老成了一个大问题。

像孙老爹这种情况应该依靠政府和社会组织。为了使这些孤寡老人老有所养，我国法律对此作出了专门规定。老年人权益保障法第二十三条规定："城市的老年人，无劳动能力、

无生活来源、无赡养人和扶养人的，或者赡养人和扶养人确无赡养能力或扶养能力的，由当地人民政府给予救济。农村老年人，无劳动能力、无生活来源、无赡养人和扶养人的，或者赡养人和扶养人确无赡养能力或扶养能力的，由农村集体经济组织负担保吃、保穿、保住、保医、保葬的五保供养，乡、民族乡、镇人民政府负责组织实施。"因此，根据有关规定，孙老爹可以寻求政府的帮助。有了政府，他的晚年生活就有了依靠。

小贴士

孤寡老人要未雨绸缪，提前为自己的养老问题作打算，如参加单位的养老保险或者自己缴纳养老保险等。

5

丧失独立生活能力后，老年人担心自己被遗弃时，怎么办

李某的母亲在很多年以前就去世了，只剩下70多岁的老父亲。李某结婚后，与妻子盖起了宽敞的房子。两人以老人脏、爱唠叨为由，逼迫父亲分居独过，将父亲赶回了原来的三间小茅屋。老人无奈只能靠自己捡些废品卖钱来维持生活，没有向儿子要求赡养，李某也不过问老人的生活。后来，老人因中风半身瘫痪，丧失劳动能力，生活不能自理。邻居将老人病情告知李某，但是李某却置之不理，老人在疾病、饥饿交加的情况下忍受煎熬。

老年人权益保障法第十一条规定："赡养人应当履行对老年人经济上供养、生活上照料和精神上慰藉的义务，照顾老年人的特殊需要。赡养人是指老年人的子女以及其他依法负有赡养义务的人。赡养人的配偶应当协助赡养人履行赡养义务。"李某对其老父亲有经济上供养、生活上照料和精神上慰藉的义务，李某的妻子应当协助李某履行赡养义务。如果李某不履行赡养义务，李某的父亲有权按照婚姻

法、老年人权益保障法等法律的规定维护自己的权益。婚姻法第四十四条规定："对遗弃家庭成员，受害人有权提出请求，居民委员会、村民委员会以及所在单位应当予以劝阻、调解。对遗弃家庭成员，受害人提出请求的，人民法院应当依法作出支付扶养费、抚养费、赡养费的判决。"李某的父亲可以向居住所在地居委会、村委会请求劝阻和调解，或者向人民法院提起诉讼。

小贴士

刑法第二百六十一条规定："对于年老、年幼、患病或者其他没有独立生活能力的人，负有扶养义务而拒绝扶养，情节恶劣的，处五年以下有期徒刑、拘役或者管制。"人民法院在追究遗弃罪的同时，还要责成被告人负责解决被遗弃人的生活问题。

6

子女不尽赡养义务，老年人担心自己无法生活时，怎么办

我国历来有尊老、敬老的传统，中华民族的传统美德，也符合我国社会主义的道德风尚。老人为子女操劳一生，同时也为社会作出了贡献。他们晚年时，理应受到儿女的孝敬和照顾。对于不赡养老人的子女，不仅要进行道德上的谴责，还要通过法律手段来追究责任。

李老爹老伴早年因病去世，李老爹一人辛辛苦苦将其子小李养大成人。小李成家立业后，李老爹也年逾古稀，身体每况愈下，谁料小李对父亲竟一直不理不睬，懒得照顾。见父亲年龄越来越大，还产生了厌恶感。父子俩矛盾日益加剧，终于有一天，小李竟然将李老爹赶出了家门。李老爹不但得不到应有的照顾，反而流离失所。一怒之下，将小李告上了法庭。

子女对父母的赡养主要是指子女在经济上、物质上为父母提供基本的生活条件，在精神上给予慰藉。对于不赡养老人的，要追究相应的法律责任。婚姻法第二十一条规定：子女不履行赡养义务时，无劳动能力的或生活困难的父母，有要求子女付给赡养费的权利。老年人权益保障法第十五条也规定：赡养人不得以放弃继承权或者其他理由，拒绝履行赡养义务。对于不履行赡养义务的，老年人（指年满60周岁的人）有要求赡养人付给赡养费的权利。老年人与家庭成员因赡养发生纠纷的，可以要求有关部门，如子女所在单位或居民委员会、村民委员会调解，也可以直接向人民法院提起诉讼。

小贴士

子女不赡养自己的父母，将构成遗弃。遗弃是指对年老、年幼、患病或者其他没有独立生活能力的人负有抚养、扶养、赡养义务而拒绝履行义务的行为，是一种受到全社会谴责的恶劣行径。

7

子女赡养父母，老年人担心他们要讲条件时，怎么办

黄老太住某村，和丈夫一起含辛茹苦将两个儿子抚养成人。老伴病逝后，黄老太住在丈夫留下的房子里，并将承包的责任田租给他人耕种，所得收入作为自己的生活开支而没有将租金分给儿子，没想到两个儿子却要求母亲将房产和租金都要平分，否则拒绝赡养老人。老人过着孤苦伶仃的生活，最后只好求助法官。

子女有赡养父母的义务，这是婚姻法明文规定的。子女对父母的赡养主要是指子女在经济上、物质上为父母提供基本的生活条件。首先，婚姻法第十五条规定：子女不履行赡养义务时，无劳动能力的或生活困难的父母，有要求子女付给赡养费的权利。老年人权益保障法第十五条规定：赡养人不得以放弃继承权或者其他理由，拒绝履行赡养义务。对于不履行赡养义务的，老年人（指年满60周岁的人）有要求赡养人付给赡养费的权利。老年人与家庭成员因赡养发生纠纷的，可以要求有关部门，如子女所在单位或居民委员会、村民委员会调解，也可以直接向人民法院提起诉讼。法院查明情况后，要强制子女履行赡养父母的义务，根据当地的生活标准，判决子女给付一定的赡养费用；也可以根据老年人追索赡养费的申请，在判决作出前，依法裁定子女先行给付一定的赡养费用，以解决老年人的生活急需。其次，对于虐待遗弃父母的子女，还要依法追究刑事责任。

小贴士

婚姻法关于赡养老人的条款主要有第二十一条和第二十八条，其中第二十一条规定：父母对子女有抚养教育的义务；子女对父母有赡养扶助的义务。子女不履行赡养义务时，无劳动能力的或生活困难的父母，有要求子女付给赡养费的权力。

第二十八条规定：有负担能力的祖父母、外祖父母，对于父母已经死亡或父母无力抚养的未成年的孙子女、外孙子女，有抚养的义务。有负担能力的孙子女、外孙子女，对于子女已经死亡或子女无力赡养的祖父母、外祖父母，有赡养的义务。

除婚姻法外，继承法中也有关于赡养老人的规定。

8

子女去世了，老年人担心孙辈不愿赡养时，怎么办

朱某与妻子叶某两人结婚后10余年，叶某因病去世。朱某便独自将儿子小朱抚养成人。小朱成家立业后，对父亲照顾可谓无微不至。一家人享受着天伦之乐。然而在小朱儿子朱强25岁生日那天，小朱和他的妻子不幸在车祸中丧生，小朱他们的遗产根据他们的遗嘱都给了朱强。朱某因悲伤过度一病不起，生活不能自理，其孙子朱强竟然对其置之不理。在这种情况下，朱某该怎么办？

婚姻法第二十八条明确规定，有负担能力的祖父母、外祖父母，对于父母已经死亡或父母无力抚养的未成年的孙子女、外孙子女，有抚养的义务。有负担能力的孙子女、外孙子女，对于子女已经死亡或子女无力赡养的祖父母、外祖父母，有赡养的义务。

案例中朱某生活已陷入困境，朱强一方面有一份好工作，也继承了遗产，其完全有能力赡养朱某，让朱强赡养朱某是理所当然的事情，也是符合我国法律规定的。因此，朱某有权要求孙子朱强赡养自己，而且他也有义务赡养朱某，这是法律赋予他们彼此之间的权利与义务。

小贴士

老年人权益保障法第十一条规定：赡养人应当履行对老年人经济上供养、生活上照料和精神上慰藉的义务，照顾老年人的特殊需要。赡养人是指老年人的子女以及其他依法负有赡养义务的人。孙子女、外孙子女即在这个范畴之内。

9

父母未对子女尽抚养义务，老年人担心子女不愿赡养自己时，怎么办

周某夫妇由于生活困难，没有能力抚养自己两个孩子，就将女儿小周，送给亲友代养，但未办理任何手续。夫妻俩勉强将大儿子养大，不幸儿子因病去世，二老没有了生活来源。周某夫妇在万般无奈的情况下，要求将托付给亲友抚养的女儿小周尽赡养义务。小周以周某夫妇对自己未尽到抚养义务为由，拒绝赡养他们。

周某夫妇在将小周托付给亲友抚养是生活极端困难的情况下所为，是为了给孩子求一条生路，并非不愿意抚养孩子，且托付别人抚养并非收养，实质形成的是寄养关系，他们与生父母的父母子女关系及相互间的权利义务关系没有消除。根据宪法的规定，父母有抚养教育未成年子女的义务，成年子女有赡养扶助父母的义务，所以小周仍应承担赡养老人的义务。婚姻法第二十一条规定："父母对子女

有扶养教育的义务，子女对父母有赡养扶助的义务。"法律也没有规定父母尽抚养义务是子女尽赡养义务的必要条件。因此，小周应对周某夫妇尽赡养义务。

如果小周被他人收养，根据收养法第二十三条规定，自收养关系成立之日起，养父母与养子女间的权利义务关系，适用法律关于父母子女关系的规定；养子女与养父母的近亲属间的权利义务关系，适用法律关于子女与父母的近亲属关系的规定。养子女与生父母双方的权利义务关系消除。

小贴士

子女赡养自己年迈的父母，如同父母养育自己的未成年子女，都是法定的、无条件的。

10

与子女关系紧张，老年人担心自己被强迫住养老院时，怎么办

我们知道现在养老院里住着的老人，并非都是儿女不孝顺才住进来的。有些儿女送他们进养老院是为了让他们的晚年生活得到较好的照料，但是，有些老人是被儿女强迫送进养老院的，遇到了这种儿女们违背老人意志的做法，怎么办？

我国法律有相关规定：一、如果老人不同意：不能强行将老人送进养老院。相反，如果儿女强行将老人送进养老院，就是违反了法律的规定；二、只要老人还有清晰的意识能力和分辨能力，他就有相应的民事行为能力、就有权决定自己的一切，儿女无权强行要求他做什么，否则就是侵权；三、

如果老人已经无法辨认自己的行为，没有相应的意识能力，那么他就是无民事行为能力人（或限制行为能力人），这时作为老人的监护人，可以决定将老人送进养老院，但要能保证他正常的生活条件。

小贴士

送老人进养老院主要是要征求老人的同意，然后就看老人的具体情况选择相应的护理等级。护理等级有以下几种：三级护理、二级护理、一级护理和特级护理。

11

子女住房紧张，老年人担心自己被强迫住低劣住房时，怎么办

徐老爹老伴早逝，靠着自己一人，辛辛苦苦地将两个儿子养大成人，看着他们成家立业，自己也松了口气。儿子们成家后，徐老爹就把自己的4间房子，平均分给了两个儿子，本想自己轮流由两个儿子赡养，以后也该享清福了。可是他万万没有想到，随着时间一天天地过去，儿子、儿媳们都开始嫌弃他，说他不讲究卫生，把干净的屋子都弄脏了，到后来，竟将徐老爹赶到一间又小又破的屋子里居住。屋子既潮湿又寒冷，徐老爹蜷缩在小屋内，心里的委屈不知向谁诉说。

在这种情况下，徐老爹可以找到村民委员会求助，让村民委员会找徐老爹的儿子协商，晓之以情，动之以理。劝说徐老爹的儿子，将父亲请回干净、宽敞的屋子居住。老年人权益保障法第十三条规定："赡养人应当妥善安排老年人的住房，不得强迫老年人迁居条件低劣的房屋。老年人自有的或者承租的住房，子女或者其他亲属不得侵占，不得擅自改变产权关系户或者租赁关系。老年人自有的住房，赡养人有维修的义务。"因此，徐老爹的儿子们应妥善安排老年人的住房，让他在舒适的生活环境中安度晚年。

小贴士

由于老年人体弱多病，部分或全部丧失劳动能力，不论老年人住的是公房还是自己的私有房屋或家庭共有的房屋，做晚辈的都应该照顾老年人的生活需要，让他们居住条件较好的房屋，这是最基本的孝道。

12

收益是生活依靠，老年人担心承包的田地林畜等收获被拿走时，怎么办

徐老爹育有二子，都已成家立业。随着年龄的增长，徐老爹身体每况愈下，常年卧病在床，丧失了劳动能力。徐老爹有承包田3亩、耕地4亩，徐老爹要求两个儿子各无偿耕种3亩田地，成本由父母出，收益归父母。没想到，两个儿子竟提出耕田取得的收益平均分配，否则拒绝无偿为父母耕种。由于承包田地的耕管季节性较强，过了耕种季节造成的损失难以挽回，徐老爹自身又实在没能力下田耕作。情急之下，徐老爹将两个儿子告上了法庭。那么，农村老年人的责任田地是否依法有权要求赡养人无偿耕种？

法律有明确规定，农村老年人的责任田地、山林、牲畜，依法有权要求赡养人无偿耕作和照料，收益归老年人所有。老年人权益保障法第十四条规定："赡养人有义务耕种老年人承包的田地，照管老年人的林木和牲畜等，收益归老年人所有。"所谓赡养人，是指老年人的子女以及其依法负有赡养义务的人。根据上述规定，老年人承包的责任田地，依法有权要求赡养人无偿耕种和照管。如果赡养人拒绝履行耕种义务，老年人依法有权要求所在村民委员会领导批评教育，协商解决。协商不成，依法有权向人民法院起诉，请求法院判令赡养人履行耕种、照管义务。

小贴士

法院处理这类赡养案件的要点，在于及时落实耕管老人承包田地的义务人，并督促其尽快耕管，这样对解决纠纷和判决的执行都比较有利。

13

老年人有收入或积蓄，但他们担心子女因此不尽赡养义务时，怎么办

王老太家庭经济条件富裕，老伴张老爹去世后，其独子小张继承了父亲大部分的事业，整天忙得不可开交，成了在商界呼风唤雨的人物。在邻居们的眼里，他们家既有钱财又有地位，是让人羡慕的一家人。然而，王老太却把儿子告上了法庭，要求儿子履行赡养义务。邻里们得知后都不理解。其实他们哪知王老太的苦衷。自从老伴去世后，王老太孤独一人非常寂寞，生病时身边也无亲人的照顾。儿子小张总以工作繁忙为借口对王老太不闻不问，一年来没有回家看望过老人一次，王老太连春节都是一个人过，有苦说不出。小张却认为，自己每月都给母亲足够的钱作为生活费，吃穿不愁，母亲一定过得非常幸福快乐，却不知母亲精神苦闷。

老年人权益保障法第十一条规定，赡养人应当履行对老年人经济上供养、生活上照料和精神上慰藉的义务，照顾老年人的特殊需要。事实上，子女对父母赡养的义务是多方面的，不仅在经济方面要出钱、出物供养老人生活，而且还要使他们精神上得到安慰，感情有所寄托。所谓精神赡养，一般指在家庭生活中，赡养人理解、尊重、关心、体贴老年人的精神生活，在精神上给予其慰藉，满足其精神生活的需要，使其愉悦。即使王老太有积蓄也有权要求儿子履行赡养义务。其儿子总以工作繁忙为借口，一年来从未回家看望过老人，忽略了对母亲精神上的关心，是不对的，没有尽到精神慰藉的义务。

小贴士

成年子女对需要赡养的父母不尽经济供养、生活照料义务，将构成遗弃，父母完全可以要求成年子女履行赡养扶助义务。在起诉时，以请求法院判决子女履行生活扶助义务为诉讼请求。

⑭ 老年人有劳动能力，但他们担心子女因此不尽赡养义务时，怎么办

　　王某是某工厂的高级技术人员，收入可观。虽然已经年过花甲，但是身体还算硬朗。王某和老伴的生活过得也还算美满。王某育有一子，由于王某自己还有收入，因此从没让儿子小王为自己掏过一分钱。做儿子的理当心存感激，没想到儿子却认为，既然父亲有劳动能力，那就不需要自己赡养了。过年过节也从不回家探望二老。看到儿子如此没有人情味儿，王某的心都凉了，于是一纸诉状，将儿子告上了法庭。

　　我国法律规定：依法负有赡养义务的子女或者孙子女、外孙子女等，必须赡养扶助父母或者祖父母、外祖父母：一是对无经济收入或经济收入低微的老年人，应保障他们的基本生活需要，一般不低于其家庭的平均生活水平；二是对缺乏或者丧失劳动能力的农村老年人的口粮田、自留地，帮助耕种；三是对患病或者生活自理有困难的老年人，应当负责给予治疗、照料。即使父母有劳动能力，子女也应尽到赡养义务，这种义务是法定的，不因父母有劳动能力而免除。小王对王某应对父母尽赡养义务。

小贴士

　　父母有劳动能力，有自己的经济收入，可以免去子女对父母的金钱给予，但不能免除子女探望父母、善待父母等非财产的赡养义务。给予父母精神上的安慰和体贴，是子女应尽的义务和孝道。

15

子女家境不好，老年人担心他们因此拒绝赡养时，怎么办

70多岁的李大婶老伴已去世多年，近年来为看病花掉了全部积蓄，需要子女赡养，但是儿子张某却以无赡养能力为由对母亲的生活不管不问。为此李大婶向法院递交了民事诉状，要求儿子张某履行赡养义务。

张某没有固定职业，以干杂活为经济来源，生活并不富裕，但这不能成为拒绝赡养母亲的借口。子女对父母有赡养扶助的义务，无劳动能力或生活困难的父母有要求子女付给赡养费的权利。赡养人是指老年人的子女及其他负有赡养义务的人。老年人权益保障法第十条规定："老年人养老主要依靠家庭，家庭成员应当关心和照料老年人。"同时，婚姻法第二十一条第二款规定："子女不尽赡养义务时，无劳动能力的或生活困难的父母，有要求子女给付赡养费的权利。"李大婶可以求助居民委员会协调，如果协调不成，可以诉诸法院。按照法律规定，结合本案中张某的具体生活情况，张某还是有能力解决老人的温饱问题的，张某必须对李大婶尽到赡养义务。

小贴士

判断有没有赡养能力，以收入是否低于当地最低生活保障线为标准。只要高于该标准的都视为有赡养能力。

16

分家时子女曾有怨言，老年人担心他们因此不尽赡养义务时，怎么办

70多岁的赵大娘从年轻时就守寡，辛辛苦苦将两儿两女抚养成人，并已成家立业。两个女儿和小儿子都拥有自己的住房，唯独大儿子生活比较困难，一直跟赵大娘一起生活。2010年春节前后，赵大娘把原属自己名下的房产过户给了大儿子，没想到其他子女此后经常为此事与赵大娘争吵，认为她偏向长子，并以此为由不再给付老人赡养费。无奈之下赵大娘将3个儿女告上法庭。

老人们一旦在几个子女中处理不当或稍失公平，个别子女便片面地认为父母（岳父母）"一碗水没有端平"，进而用"看了谁家的孩子谁赡养"的错误做法对抗老人在照料孙子女、外孙子女方面的"不公"，这于法于理都是十分错误的。宪法规定，成年子女有赡养扶助父母的义务。有经济负担能力的成年子女，不分男女、已婚未婚，在父母需要赡养时，都应依法尽力履行这一义务直至父母死亡。为保障受赡养人的合法权益，婚姻法规定：子女不履行赡养义务时，无劳动能力的或生活困难的父母，有要求子女付给赡养费的权利。对拒不履行者，可以通过诉讼解决，情节恶劣构成犯罪者，依法追究其刑事责任。由此可见，子女不应该在赡养父母问题上有任何前提条件。因此，赵大娘的诉求将会得到法院的支持。

小贴士

　　赡养老人和分家析产是各自不同的法律关系，赡养是子女对父母应当履行的法定义务，分家析产是分割家庭共同财产。有的子女以父母偏心眼儿、分家不公为由拒不履行赡养父母的义务是与法律相悖的。

17

子女放弃继承遗产，老年人担心他们因此拒绝赡养时，怎么办

退休职工王大爷突患脑血栓瘫痪在床，时刻离不开亲人的照料，子女们开始的时候还算孝顺，可是时间久了，因为照顾老人的问题儿女们产生了争执，应验了那句"久病床前无孝子"的俗语。王大爷的儿子怪妹妹总去玩麻将而时常耽误接班，妹妹则怪罪哥哥、嫂子照顾得不够精心，两人为此争执不休。妹妹以放弃继承父亲的财产为由，不再照顾父亲了。哥哥则认为父亲是两个人的，妹妹不管自己也不养了。这样一来，兄妹俩赌气都撒手不管了，致使老人生活无着落，有病得不到医治，处境十分艰难。

老年人与家庭成员因赡养发生纠纷的，可以寻求有关部门，如子女所在单位或居民委员会、村民委员会调解，也可以直接向人民法院提起诉讼。法院查明情况后，要强制子女履行赡养父母的义务，根据当地的生活标准，判决子女给付一定的赡养费用。老年人权益保障法第十五条规定：赡养人不得以放弃继承权或者其他理由，拒绝履行赡养义务。赡养人不履行赡养义务的，老年人有要求赡养人付给赡养费的权利。因此，王大爷可以请求居民委员会进行调解，经调解无效后，可以向法院提起诉讼，用法律手段维护自身的权益。法院可以判决采用强制性手段，让王大爷的子女履行赡养义务。

小贴士

老年人可以依法申请先予执行。法院会根据老年人追索赡养费的申请，在判决作出前，依法裁定子女先行给付一定的赡养费用，以解决老年人的生活急需。

自己再婚，老年人担心子女因此终止赡养义务时，怎么办

张某退休没到两年，老伴因病去世。后来经人介绍，认识了同样丧偶的老太太李某。李某有两女一子，对李某特别孝顺，听说母亲要再找个老伴，都十分高兴，并承诺以后会赡养两位老人。经过一段时间的了解相处后，张某与李某办理了结婚登记手续，李某住到了张某的家里。小张得知李某的儿女承诺要赡养两位老人，于是他便以父亲有人赡养为由，拒绝再赡养张某。张某虽然生活有了着落，但是看到儿子如此不孝，非常生气。

婚姻法第三十条规定："子女应当尊重父母的婚姻权利，不得干涉父母再婚以及婚后的生活；子女对父母的赡养义务，不因父母的婚姻变化而终止。另外，关于老年人再婚子女能否免除其赡养义务"，老年人权益保障法第十八条明确规定："老年人的婚姻自由受法律保护。子女或者其他亲属不得干涉老年人离婚、再婚及婚后生活。赡养人的赡养义务不因老年人的婚姻关系变化而消除。"张某的儿子如果拒不履行其赡养义务发生纠纷，张某可要求儿子所在单位或者居民委员会、村民委员会调解，也可以直接向人民法院提起诉讼。子女所在单位或者居民委员会、村民委员会调解赡养纠纷时，对有过错的子女，应当给予批评教育，责令其改正。

小贴士

老年人权益保障法第四十七条规定："暴力干涉老年人婚姻自由或者对老年人负有赡养义务、扶养义务而拒绝赡养、扶养，情节严重构成犯罪的，依法追究刑事责任。"

19
"分爹分娘"协议赡养，老年人担心确无能力赡养的子女时，怎么办

　　当今社会，一些子女以"分爹分娘"的方式赡养父母。在这种情况下，当一方确无能力赡养时，老人们该如何维护自己的权益呢？

　　老王夫妇与两个儿子达成"赡养协议"：父亲由老大负责生养死葬，母亲则由老二承担生养死葬的义务。之后，兄弟俩分别将父亲和母亲接回各自的家中居住。数年后，父亲因病去世。老大依照协议承担了父亲的全部医疗费用，并单独处理了父亲的后事。他们的母亲患有慢性疾病，医疗费用花费甚多，到后来，老二全家入不敷出，难以再维持母亲的治疗费用。老二要求哥哥承担一部分医疗费。然而，老大提出自己已完成"赡养协议"的义务，对母亲不再负有赡养义务，拒绝再承担母亲的医疗费。

　　对此，我国法律有明文规定。根据老年人权益保障法第十七条规定，赡养人之间可以就履行赡养义务签订协议，并征得老年人同意。但是，签订赡养协议不能成为拒绝赡养的理由。因为成年子女对父母的赡养扶助是无条件的，赡养义务是法律规定的强制性规定，并不能因为协议而予以免除。老大和老二之间达成的"赡养协议"在双方对各自赡养的父母都能充分承担起赡养义务，且不违背父母意志时，可以视作对赡养的具体方式的约定，法律无须干涉。然而在其中一方无法按照协议履行赡养义务时，这种约定构成了与法定义务的冲突，实质上是使一方免除了赡养义务，因而是无效的。当母亲住院治疗，而儿子老二无力独立承担时，老大仍应负担母亲部分的赡养费。

小贴士

　　当事人之间约定及协议必须遵守相关的法律、法规，不可能根据协议和约定等去改变法律规定的权利和义务。

20

同吃同住白头偕老，老年夫妻担心被强迫分开赡养时，怎么办

张某夫妇育有两个儿子，儿子们成家立业后，张某夫妇也年逾古稀，生活不能自理了。于是两个儿子商量，将张某夫妇分开进行赡养。就这样，没经过张某夫妇的同意，他们便强行的将两位老人分开了。两位老人彼此失去了依靠，接下去的日子简直是度日如年。

将老年父母分开赡养，是极不符情理的，这样做会给老年人的生活造成诸多不便，会较大程度地限制甚至剥夺了老年人的精神生活。不少老年人因为缺少精神寄托和情感交流，加剧了身体和心理的衰老。夫妻之间的长相厮守和互相关心是晚年生活中弥足珍贵的润滑剂。相依相伴几十载的老年夫妻，晚年却要过着分居的日子，对他们的精神和情感都是个沉重的打击。赡养老人不能漠视老人的情感需求，不能硬性地拆开老年夫妻。

老年人权益保障法第十三条规定：

赡养人应当妥善安排老年人的住房，不得强迫老年人迁居条件低劣的房屋。老年人自有的或者承租的住房，子女或其他亲属不得侵占，不得擅自改变产权关系或者租赁关系。老年人自有的住房，赡养人有维修的义务。因此，老年人的子女或者其他亲属不得强迫被赡养的老年夫妻分开居住。赡养人应当妥善安排老年人的住房，不得强迫老年人迁居条件低劣的房屋。因此，张某的两个儿子应换种更适合张某夫妇晚年生活的赡养方式。

小贴士

据有关资料介绍，老年人往往更容易产生孤独、急躁、忧虑、抑郁等心理危机，严重影响身心健康，孤独是老年人晚年生活的噩梦。

21

已协议断绝母子关系，老年人担心儿子不肯再尽赡养义务时，怎么办

王某现年 72 岁，育有一子。近年来，因医疗费用问题与儿子多次发生矛盾。后来，王某与儿子达成书面协议：儿子一次性给付王某医疗费以及养老费等共 10 万元，双方从此脱离母子关系，王某以后的生活费、医疗费及生老病死等均与儿子不再有任何关系。儿子事后确将 10 万元打入王某账户。5 年后，王某身体每况愈下，除了生活费以外，医疗费更是达到了一笔惊人的数目。无奈之下，以与儿子所达成的协议违背其真实意思、自己现需大额医疗费为由，向人民法院提起诉讼，请求确认协议无效，并要求儿子继续履行赡养义务。儿子则认为，双方既然达成书面协议，自己就已经与王某脱离了母子关系，因此，不同意王某的诉讼请求。

婚姻法规定，子女对父母有赡养扶助的义务，子女不履行赡养义务时，无劳动能力或生活困难的父母，有要求子女给付赡养费的权利。赡养老人是每一个子女应尽的义务。母子关系及基于此种关系形成的赡养与被赡养关系不能因当事人的协议而断绝，王某与儿子所达成的脱离母子关系的协议是无效协议，儿子支付给母亲的 10 万元费用，如果不能满足母亲今后的生活所需，儿子仍应继续承担赡养义务。

小贴士

家庭赡养协议是赡养人与被赡养人之间就承担赡养义务的有关事宜，平等、自愿签订的履行赡养义务的协议，通过对赡养方式、赡养事项（含经济供养、生活照顾、疾病医护、精神慰藉等）、赡养标准、履行时限、实施监督等规定，明确赡养人、被赡养人及监督者的权利和义务。

22

子女由离婚配偶养大，老年人担心他们不愿尽赡养义务时，怎么办

在现实生活中，有的子女从小没有享受到被父母抚养的权利，他们成年后是否应当履行赡养扶助父母的义务？有下面这样一个案例：

董某年轻时经常和一些朋友在一起，整天不在家，生下儿子小董后不久便离婚了。离婚后，董某对儿子小董很少过问。小董可以说是在母亲的一手拉扯下长大的。几十年过去了，董某已成了70多岁的老人，丧失了劳动能力，失去了生活的经济来源，需要人赡养。于是，董某多次找到儿子小董，要求其尽赡养义务，并对自己当年的不负责任行为向儿子道歉。但小董对父亲年轻时对自己不管不问的不负责任行为一直耿耿于怀，始终不肯原谅父亲的过错，且一直不肯尽赡养义务。无奈之下，董某把儿子告上了法庭。

婚姻法第二十一条第三款规定："子女不履行赡养义务时，无劳动能力的或生活困难的父母，有要求子女付给赡养费的权利。"老年人权益保障法第十一条规定："赡养人应当履行对老年人经济上供养、生活上照料和精神上慰藉的义务，照顾老年人的特殊需要。赡养人是指老年人的子女以及其他依法负有赡养义务的人。赡养人的配偶应当协助赡养人履行赡养义务。"即使离婚且子女由配偶抚养长大，子女仍需履行赡养义务。

法律没有规定父母尽抚养义务是子女尽赡养义务的必要条件。

23

非婚生子女情况有别，拒绝对生父履行赡养义务时，怎么办

秦老汉与妻子吴某（已亡故）先后生育两子大秦、小秦。此后，秦老汉因婚外情与钱某生育了小钱。因秦老汉与钱某均入狱服刑，小钱由秦老汉的母亲抚养。秦老汉出狱后，与大秦、小秦、小钱等人共同生活，直至小钱结婚分家另过。秦老汉年事已高，就与大秦、小秦、小钱商量，由他们分担赡养费。大秦、小秦均同意分担赡养费，但小钱不愿意承担赡养义务。无奈的秦老汉走进法院，要求判令小钱履行赡养义务。

依据婚姻法的规定，子女对父母有赡养扶助的义务。子女不履行赡养义务时，无劳动能力的或生活困难的父母，有要求子女给付赡养费的权利。这里的子女也包括非婚生子女。秦老汉现已年迈，需要子女赡养扶助，非婚生子小钱与婚生子大秦、小秦一样应当承担赡养扶助义务。

小贴士

依据我国婚姻法、继承法等法律的规定，非婚生子女与婚生子女具有同等的法律地位。婚姻法第二十五条规定："非婚生子女享有与婚生子女同等的权利，任何人不得加以危害和歧视。不直接抚养非婚生子女的生父或生母，应当负担子女的生活费和教育费，直至子女能独立生活为止。"继承法第十条规定的第一顺序继承人"子女"包括婚生子女、非婚生子女、养子女和有扶养关系的继子女。非婚生子女在要求父母抚养、教育，继承遗产，以及赡养父母等方面享有同婚生子女同等的权利和义务。

24

自己犯过罪难抬头，老年人担心子女因此拒绝赡养时，怎么办

徐老爹是个急性子的人，一天在菜市场，和王某发生了点口角，徐老爹一时性起，拿起路边的一块石头砸向王某，致使王某轻伤。法院以故意伤害罪判处徐老爹有期徒刑两年，缓刑两年。缓刑期间，徐老爹不幸又发生了车祸，失去了劳动能力，生活也不能自理。而徐老爹的儿子小徐竟以父亲犯过罪为由拒绝赡养徐老爹。若是没有邻居的照顾，徐老爹恐怕早已成了饿死鬼。徐老爹迫于生活压力，只能将小徐告上了法庭。

保护老年人合法权益是我国法律的一贯精神，除宪法规定的有关保护老年人的原则外，我国还为老年人专门制定了老年人权益保障法。婚姻法确立了"保护妇女、儿童和老人合法权益"的原则，明文规定："禁止家庭成员之间的虐待和遗弃。"徐老爹在失去劳动能力后，其子小徐本应该尽到赡养责任，但他却对父亲的困境不闻不问并拒绝赡养，已构成遗弃行为，徐老爹应通过法律手段维护自己的权益。

即使老人犯过罪，但其作为我国公民的合法民事权益并不因为犯罪行为而被剥夺，应该受到法律的保护，其子女应当履行赡养义务。

小贴士

民事诉讼法第九十七条还规定："人民法院对下列案件，根据当事人的申请，可以裁定先予执行：（一）追索赡养费、扶养费、抚育费、抚恤金、医疗费用的；（二）追索劳动报酬的；（三）因情况紧急需要先予执行的。"

25

子女虽与父母签订赡养协议，老年人发现他们仍不尽赡养义务时，怎么办

80多岁的李大娘原来居住的房子被征收，李大娘得到了近20万元的房屋补偿费。李大娘得到这笔钱之后，3个子女要求将这笔钱分给他们一部分，否则就不赡养她。李大娘被迫只好同意，并签订了协议。按照协议约定，李大娘的财产分别分给三个子女4万元、5万元和6万元，今后由三个子女共同承担对李大娘的赡养。但是，三个子女却没有尽到赡养的义务，李大娘于是向法院起诉，要求他们返还曾经分得的总计15万元的财产并履行赡养义务。

老年人权益保障法第十一条规定：赡养人应当对老年人经济上供养、生活上照料和精神上慰藉的义务，照顾老年人的特殊需要。赡养人是指老年人的子女以及其他依法负有赡养义务的人，赡养人的配偶应当协助赡养人履行赡养义务。该法第十五条规定："赡养人不得以放弃继承权或者其他理由，拒绝履行赡养义务。赡养人不履行赡养义务，老年人有要求赡养人付给赡养费的权利。赡养人不得要求老年人承担力不能及的劳动。"赡养是法律规定的子女应尽的义务，而不是附随义务。李大娘的子女以母亲赠与一定的金钱为条件协议约定履行自己应尽的赡养义务，这是违背有关法律规定的。所以，法院认定李大娘和三个子女间的赡养协议无效。无效的民事行为，从行为开始就没有法律上的约束力，因无效的民事行为取得的财产，应当予以返还，而且子女依法必须赡养父母。

小贴士

赡养老人既是中华民族的优良传统，也是法律规定的义务。赡养人不得以放弃继承权或者其他理由，拒绝履行赡养义务。

26

赡养人的配偶不协助其履行赡养义务，老年人遇到这种情况时，怎么办

郑教授夫妇每月有几千元的养老金，儿子小郑也非常孝顺。按常理老人的晚年生活应该很如意。可是儿媳李某却很不孝顺，与小郑结婚多年来，从未尽到过做儿媳应尽的义务。随着年龄的增长，郑教授的身体一天不如一天，后来竟然瘫痪在了床上，老伴也同样体弱多病，并不能很好地照顾郑教授。两位老人的赡养问题落在了儿子身上。小郑虽然孝顺，总不能为了照顾父母而丢下工作。小郑的妻子李某赋闲在家，本应承担起照顾老人的重担，但是李某总认为郑教授夫妇有养老金，没有必要照顾，甚至还三番两次地阻拦小郑对父母进行赡养。为了不让儿子为难，郑教授夫妇只有将委屈咽到肚子里。在这种情况下，老人们该怎么办呢？

老年人权益保障法第十一条第四款明确规定，赡养人的配偶应当协助赡养人履行赡养义务。赡养人的配偶虽然不是赡养人，但有义务协助赡养人履行赡养义务，与赡养人一起履行赡养义务，而不能阻挠赡养人履行赡养义务。本案中，郑教授夫妇的儿媳李某应当协助小郑履行赡养义务。

我国继承法为鼓励赡养人的配偶赡养老人，明确规定："丧偶儿媳对公、婆或丧偶女婿对岳父、岳母，尽了主要赡养义务的，作为第一顺序继承人。"

小贴士

对公婆尽了主要赡养义务的丧偶儿媳、对岳父母尽了主要赡养义务的丧偶女婿因其承担了子女的赡养义务，作为第一顺序的法定继承人，与继承法的原则和社会伦理道德规范是一致的。

27

继子女拒绝赡养继父母，老年人遇到这种情况时，怎么办

小周年幼时，母亲何某与父亲周某因感情破裂而离婚。小周跟随母亲何某一起生活。几年后，小周又跟随母亲改嫁到王某家。因为小周当时未满18周岁，其生父周某继续支付抚养费直至小周年满18周岁。王某与何某结婚后，对小周这个继子十分喜欢，对小周的照顾可谓是无微不至，做到了一个继父应尽的义务。随着年龄地增大，何某身体每况愈下，终于在小周25岁那年因病去世。又过了几年，王某的养老也出现了问题，生活不能自理，此时小周已经长大，参加了工作，事业上已经小有成就了。王某就把养老的希望全部寄托在继子小周身上，但是这时候，小周却表示，他一直花生父的钱，要赡养生父，不愿赡养继父王某。

根据婚姻法的有关规定，继父母与受其抚养教育的继子女间的权利义务，适用该法对父母子女关系的有关规定。王某与小周存在抚养教育事实，形成拟制血亲关系。这种拟制血亲关系形成后，并不因为小周的母亲何某去世而改变。王某与小周之间存在拟制血亲关系，故适用父母子女关系的有关规定，小周对继父王某有赡养扶助的义务。小周不履行赡养义务时，王某在无劳动能力的或生活困难的情形下，有要求小周给付赡养费的权利。

小贴士

我国法律在认定继父母抚养教育继子女的事实时，并不是以继父母是否承担了继子女的抚养教育费用作为唯一的标准，还要看继父母与继子女之间是否形成了共同生活的事实，继父母对未成年继子女的成长是否投入了精力和时间。

28 担心过继的子女不尽赡养义务，老年人遇到这种情况时，怎么办

张某夫妇二人结婚多年一直没有生育，想到退休后的养老问题，两位老人家犯愁了。张某就与其哥哥商量，能否将其三个儿子中的一个过继给自己。张某的哥哥同意将最小的儿子张三过继给张某。因为张三此时已经成年，所以也不需要张某夫妇抚养。张某夫妇在张三结婚时曾经资助过，张三夫妇有时也帮助张某夫妇干一些家务活儿，但张三并没有与张某夫妇共同生活，双方基本上保持了名义上的过继关系。张某夫妇担心张三是否会一直孝敬自己，担心过继的子女不尽赡养义务。

我们可以认定张某夫妇与张三的过继关系不是收养关系。虽然张某夫妇没有子女，可以收养子女，但张三不符合被收养人的条件。收养法第四条规定："下列不满十四周岁的未成年人可以被收养：（一）丧失父母的孤儿；（二）查找不到生父母的弃婴和儿童；（三）生父母有特殊困难无力抚养的子女。"虽然收养三代以内同辈旁系血亲的子女，可以不受"生父母有特殊困难无力抚养"、"不满十四周岁"等规定的限制，但被收养人必须是未成年人，否则就失去收养的意义了。我国收养法不承认对成年人的收养。我国传统社会中主要为了传宗接代的需要建立的"过继"制度，与现行收养制度是不同的，过继不能产生收养的法律效果。本案中，张某夫妇与张三不是收养关系。因此，张某夫妇与张三的关系不适用婚姻法关于父母子女间权利义务的规定，张三对张某夫妇没有法律上的赡养义务。

小贴士

张某夫妇可以考虑与张三签订遗赠扶养协议，明确双方的遗赠扶养关系。如果双方签署了遗赠扶养协议，张三对张某夫妇就有扶养义务，并在张某夫妇去世后享有其遗赠财产。

29

与无抚养关系的继子签订遗赠扶养协议，老年人遇到这种情况时，怎么办

刘某老伴因病早逝。退休后，刘某孤苦伶仃一人，生活又苦闷，便与何某再婚。何某有一子小何，也已成家立业。天有不测风云，何某不幸在一次车祸中丧生。此时的刘某已80多岁，生活不能自理。他也知道，自己与继子小何没有抚养教育关系，小何对自己没有赡养义务。可是，刘某又实在没有其他什么亲戚朋友来照顾自己，还是继子小何与自己最亲，刘某不知道自己能否与小何签订遗赠扶养协议。

遗赠扶养协议是指受扶养人和扶养人之间订立的关于扶养人承担受扶养人的生养死葬义务，受扶养人将自己所有的财产遗赠给扶养人的协议。遗赠扶养协议有两种：一种是公民与公民签订的遗赠扶养协议，另一种是公民与集体经济组织签订的遗赠扶养

协议。遗赠扶养协议的主体一般有限制。遗赠人只能是自然人，扶养人可以是自然人（必须是法定继承人以外的人），也可以是集体所有制组织，而且需具有扶养能力和扶养条件，同时扶养人没有法定的扶养义务。根据婚姻法和继承法的规定，法定继承人包括有抚养关系的继子女，不包括没有抚养关系的继子女。因此，刘某可以与小何签订遗赠扶养协议，以保证自己的晚年生活和养老。

小贴士

遗赠扶养协议必须是书面形式，不能为口头形式，以便明确双方的权利义务，有利于协议的履行。

30

无依无靠太艰难，老年人想收养成年人以解决养老问题时，怎么办

张某因膝下无子女，"收养"了曾经给他们家做过护工的小伙子夏某，并承诺夫妇百年之后，把财产全部留给夏某。张某还和夏某签订了"遗赠扶养协议"。

收养法第四条规定："下列不满十四周岁的未成年人可以被收养：（一）丧失父母的孤儿；（二）查找不到生父母的弃婴和儿童；（三）生父母有特殊困难无力抚养的子女。"没有孩子的夫妇通过合法的收养关系领养别人的孩子，从而形成养父母与养子女的关系，这是一种拟制血亲关系。这种养父母与亲生子女之间的权利和义务是同等的，但是，被收养人应当是未成年人。夏某是成年人，不符合被收养人的条件，张某是不能收养夏某的。

我国法律为使孤寡老人的晚年能有人照顾，规定了遗赠扶养协议制度。被扶养人生前和扶养人（公民或者集体）签订协议，扶养人有按照协议承担被扶养人生养死葬的义务，并有受遗赠的权利。一旦扶养人或者集体组织与公民签订了遗赠扶养协议，扶养人无正当理由不履行，致使协议解除的，不能享有受遗赠的权利，其支付的供养费用一般也不予补偿，遗赠人无正当理由不履行，致使协议解除的，则应当偿还扶养人已经支付的供养费用。这样，对于那些无儿无女的老年人，可以与成年人签订遗赠扶养协议，安度晚年了。

小贴士

老人签订遗赠扶养协议必须与法定继承人以外的人签订，与法定继承人签订是无效的。

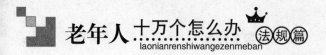
31

养子女拒绝赡养，老年人遇到这类情况时，怎么办

张某丈夫去世后，独自一人生活。为了自己日后生活有所依靠，张某收养了自己的一个小侄子小张，并到当地人民政府的民政部门进行了登记。张某对小张倍加呵护，真的把小张当成自己的亲生儿子一样来看待，好不容易将张某拉扯成人。没想到，张某退休后不到两年，小张便翻脸不认人，拒绝继续赡养张某。张某找到居民委员会进行协商，希望自己的赡养问题能够得到解决。

收养法第二十三条规定：自收养关系成立之日起，养父母与养子女间的权利义务关系，适用法律关于父母子女关系的规定；养子女与养父母的近亲属间的权利义务关系，适用法律关于子女与父母的近亲属关系的规定。

老年人权益保障法第十一条规定：赡养人应当对老年人经济上供养、生活上照料和精神上慰藉的义务，照顾老年人的特殊需要。赡养人是指老年人的子女以及其他依法负有赡养义务的人。养子女是依法负有赡养义务的人，属于赡养人。张某收养小张，到人民政府民政部门进行过登记，程序合法，其养母子关系明确。小张应当根据我国收养法、婚姻法的有关规定，对养母张某尽赡养义务。

小贴士

养子女与生父母及其他近亲属间的权利义务关系，因收养关系的成立而消除。

32

孙辈需要监护，老年人请求其监护权时，怎么办

韩教授的儿子小韩因当年与父亲合不来，冲动之下回到农村老家当起了农民。小韩婚后一连生了3个女孩，当第四个孩子小红出世之后，本来就捉襟见肘的生活更加窘迫。到小红8岁时，小韩已经无能力再抚养小红。韩教授了解到这一情况后，决定接小红到自己身边生活，并做小红的监护人。小红有亲生父母，韩教授能做小红的监护人吗？

监护是指依照法律规定，对无民事行为能力人和限制民事行为能力人的人身和财产进行监督和保护。监护的内容是监护人对被监护人的人身和财产进行监督和保护：一方面保护其人身和财产的安全，防止受到外来侵害；另一方面防止被监护人给他人的人身和财产造成侵害。监护人通过自己的监护活动，使被监护人的人身和财产受到保护。民法通则第十六条规定："未成年人的父母是未成年人的监护人。未成年人的父母已经死亡或者没有监护能力的，由下列人员中有监护能力的人担任监护人：（一）祖父母、外祖父母；（二）兄、姐；（三）关系密切的其他亲属、朋友愿意承担监护人，经未成年人的父、母所在单位或者未成年人住所地的居民委员会、村民委员会同意的。"因此韩教授可以按照法律规定，依法定的程序办理相关手续，即可获得对符合条件的对象的监护权。

小贴士

民法通则同时还规定没有第十六条规定的监护人的，由未成年人的父母所在的单位或未成人住所地的居民委员会、村民委员会或者民政部门担任监护人。

(33)

养孙辈拒绝赡养，老年人遇到这种情况时，怎么办

苏某夫妇收养了一个女婴，取名小苏，苏某夫妇对小苏倍加呵护，将其抚养成人。在小苏30岁那年，苏某夫妇外出旅游时双双遇难。苏某的父母年迈，便要求养孙女小苏给付生活费，但被拒绝。小苏表示养父母都已去世，跟他们的亲属从此没有任何关系，更没有义务赡养两位老人。两位老人完全没有经济来源，迫于无奈，只有将小苏告上法庭。

收养法第二十三条第一款规定："自收养关系成立之日起，养父母与养子女之间的权利义务关系，适用法律关于父母子女关系的规定；养子女与养父母的近亲属间的权利义务关系，适用法律关于子女与父母的近亲属关系的规定。"养子女与养父母的父母之间形成法律拟制祖孙、外祖孙的近亲属关系，他们之间产生了权利义务关系。即使苏某夫妻身亡，苏某父母与小苏的拟制血亲关系并不因此而消除。小苏与其养祖父母的权利义务关系仍然存在，应承担对养祖父母的赡养义务。

小贴士

尽管在实际生活中，养孙子女与养祖父母或养外祖父母之间的感情可能不深，但法律上的义务却不能逃避。

34

与养子女关系恶化，老年人要求解除其收养关系时，怎么办

退休医生老张的妻子早年因病去世，无儿无女。退休后，老张担心老了无人照顾，便收养小何为养子。在小何小时候，两人相处得很愉快。可是，随着小何年龄的增长，他知道了自己是老张收养的孩子后，渐渐地疏远了老张，全然不顾老张多年的养育之恩。到后来，有时竟恶言相向，甚至虐待老张。老张实在忍受不了了，无奈之下，提出解除与小何之间的收养关系。这种情况下老张该怎么办呢？

依据收养法第二十五条、第二十六条、第二十七条和《中国公民收养子女登记办法》第九条的规定，收养关系当事人协议解除收养关系的，应当持居民户口簿、居民身份证、收养登记证和解除收养关系的书面协议，共同到被收养人常住户口所在地的收养登记机关办理解除收养关系登记。

诉讼解除收养关系的，当事人可以向法院起诉，由法院决定是否解除收养关系。老张可以与养子小何协议解除收养关系，如果协议不成，老张可以到法院起诉解除收养关系。

小贴士

收养法第二十六条规定："收养人在被收养人成年以前，不得解除收养关系，但收养人、送养人双方协议解除的除外，养子女年满十周岁以上的，应当征得本人同意。收养人不履行抚养义务，有虐待、遗弃等侵害未成年养子女合法权益行为的，送养人有权要求解除养父母与养子女间的收养关系。送养人、收养人不能达成解除收养关系协议的，可以向人民法院起诉。"

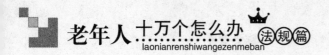
35

早年送养的儿子与养父母解除收养关系，想与生父母恢复关系，怎么办

金某和宋某夫妻俩早年因家庭困难，于1988年把小儿子小金送养。到养父母家生活以后，养母佟某待小金尚可，但养父侯某脾气暴躁，经常打骂小金。就这样小金在养父母家生活了十多年。小金20岁那年，养母佟某去世，小金与养父侯某关系更加紧张，无法相处。现小金与养父侯某已经达成了解除收养协议，并办理了解除收养登记。小金和生父母金某、宋某想恢复关系，该怎么办？

收养法第二十九条规定："收养关系解除后，养子女与养父母及其他近亲属间的权利义务关系即行消除，与生父母及其他近亲属间的权利义务关系自行恢复，但成年养子女与生父母及其他近亲属间的权利义务关系是否恢复，可以协商确定。"收养关系解除后养子女与生父母及其他近亲属间的权利义务关系是自行恢复的，不需要办理任何手续。本案中，小金已经成年，故与其生父母及其他近亲属间的权利义务关系是否恢复，需要协商确定。现小金和生父母金某、宋某均愿意恢复权利义务关系，当然就自行恢复了。

小贴士

收养关系解除后养子女与生父母之所以能够自行恢复父母子女的权利义务关系，是因为他们的血缘关系一直存在。养子女与生父母及其他近亲属间的权利义务关系，因收养关系的成立而消除，但并未消除血缘关系。收养关系解除后，养子女与养父母的权利义务关系消除，与生父母有了恢复权利义务关系的可能。

36

解除收养关系后养子女拒绝经济补偿，老年人遇到这种情况时，怎么办

退休职工老徐与妻子结婚多年一直没有孩子，后来老伴因病去世，剩下老徐孤苦伶仃的一个人，日后养老成了一个大问题。为此他收养了孤儿小徐，并帮他娶了媳妇。老徐心里想这下自己就没有后顾之忧了。但是自从小徐娶了媳妇后，对老徐的态度发生了很大的变化，对老徐的生活不闻不问，心情不好的时候，还会对老徐大发雷霆。无奈之下，老徐提出解除收养关系，并要求小徐补偿收养期间为他支出的生活费和教育费等费用。小徐拒绝支付，最后双方闹上了法庭。

家庭出现无法解决的矛盾时，可以请求居民委员会进行调解，一旦调解无效，可以让法庭依法进行裁决。收养法第三十条明确规定："收养关系解除后，经养父母抚养的成年养子女，对缺乏劳动能力又缺乏生活来源的养父母，应当给付生活费。因养子女成年后虐待、遗弃养父母而解除收养关系的，养父母可以要求养子女补偿收养期间支出的生活费和教育费。生父母要求解除收养关系的，养父母可以要求生父母适当补偿收养期间支出的生活费和教育费，但因养父母虐待、遗弃养子女而解除收养关系的除外。"根据上述规定，如果因小徐虐待、遗弃老徐而解除收养关系，老徐可以要求小徐补偿收养期间支出的生活费和教育费。即便小徐未构成虐待、遗弃，对养育他成人的养父老徐，还是有报答的义务，在老徐缺乏劳动能力又缺乏生活来源时，应当给付生活费。

小贴士

即使收养关系解除，抚养养子女成人的养父母的合法权益也是要保障的。

37

未办收养手续的养子女不愿尽赡养义务，老年人遇到这种情况时，怎么办

老许因各种原因，直至中年都未成婚，为使自己老有所养，老许于1990年将哥哥的第三个儿子小许带回自己家中，与自己生活了近20年，其间二人均以父子相称。小许成年后对老许越来越冷淡，完全不管老许的生活。老许此时因年事已高，生活不能自理，要求小许赡养自己。小许以当年未办理收养手续为由，拒绝赡养。

我国收养法于1991年12月29日由七届人大常委会第二十三次会议通过，自1992年4月1日起施行（1998年11月4日修正）。该法规定，收养应当向县级以上人民政府民政部门登记，收养关系自登记之日成立。老许与小许的收养关系发生在1990年，当时收养法尚未颁布、实施。《最高人民法院关于学习、宣传、贯彻执行〈中华人民共和国收养法〉的通知》指出，收养法施行前发生的收养关系，收养法施行后当事人诉请确认收养关系的，审理时应适用当时的有关规定。另据《最高人民法院关于贯彻执行民事政策法律若干问题的意见》第28条的规定，亲友、群众公认，或有关组织证明确以养父母与养子女关系长期共同生活的，虽未办理合法手续，也应按收养关系对待。老许与小许符合上述规定，应认定为事实收养，双方之间存在养父母子女的权利义务关系，小许负有赡养养父老许的义务。

小贴士

《司法部关于办理收养法实施前建立的事实收养关系公证的通知》（1993年12月29日）指出："经与有关部门研究认为，对于收养法实施前已建立的事实收养关系，当事人可以申办事实收养公证。凡当事人能够证实双方确实共同生活多年，以父母子女相称，建立了事实上的父母子女关系，且被收养人与其生父母的权利义务关系确已消除的，可以为当事人办理收养公证。收养关系自当事人达成收养协议或因收养事实而共同生活时成立。"

38

扶养人不履行遗赠扶养协议，老年人遇到这种情况时，怎么办

张某老伴徐某体弱多病，张某退休后不到两年，徐某便因病去世，剩下张某孤单一人独自生活。无儿无女的张某，为了以后的生活有所依靠，他就找到侄子小张，让侄子赡养自己，答应自己死后将自己的房产赠与小张，并签署了一份协议。小张开始对张某还算照顾，可是后来张某的身体越来越差，医药费开销越来越多，小张见此情况，便拒绝再赡养张某，单方撕毁协议。

遗赠扶养协议是指作为遗赠人的自然人与作为对遗赠人没有扶养义务的扶养人的自然人或集体所有制组织之间，在双方自愿的基础上达成的，由扶养人对遗赠人承担生养死葬的义务，遗赠人负有义务将其遗产的全部或一部分赠与扶养人的协议。签订遗赠扶养协议，其目的在于使那些没有法定赡养义务人或虽有法定义务人但无法实际履行赡养义务的孤寡老人，以及因丧失劳动能力而缺乏生活来源和无独立生活能力的病弱老人的生活得到保障。既然签署了协议，小张就应该履行赡养的义务，如果小张仍不履行协议，张某可以到法院起诉，利用法律维护自己的利益。继承法第二十一条规定："遗嘱继承或者遗赠附有义务的，继承人或者受遗赠人应当履行义务。没有正当理由不履行义务的，经有关单位或者个人请求，人民法院可以取消他接受遗产的权利。"

小贴士

继承法第五条规定："继承开始后，按照法定继承办理；有遗嘱的，按照遗嘱继承或者遗赠办理；有遗赠扶养协议的，按照协议办理。"

㊴

签订遗赠扶养协议后遗赠人反悔，老年人遇到这种情况时，怎么办

　　胡老爹有一儿子，但是常年在外地打工。胡老爹平时也有不少积蓄。既然儿子不愿意也没能力赡养自己，他也没有勉强，就与邻居费某签订了遗赠扶养协议，并且经过公证机构公证，约定费某照顾胡老爹的生活起居和生老病死，在胡老爹去世以后，由费某来继承其房产。但是在协议履行过程中，胡老爹觉得自己总该为儿子留点值钱的东西，于是反悔，那么他该怎么办呢?

　　继承法意见第56条的规定，扶养人或集体组织与公民订有遗赠扶养协议，扶养人或集体组织无正当理由不履行，致协议解除的，不能享有受遗赠的权利，其支付的供养费用一般不

予补偿;遗赠人无正当理由不履行，致协议解除的，则应偿还扶养人或集体组织已支付的供养费用。如果费某没有不履行遗赠扶养协议的行为，胡老爹无正当理由解除与费某遗赠扶养协议，那么他应偿还扶养人费某已支付的供养费用。

　　遗赠扶养协议的效力优先于遗嘱，如果遗嘱和协议有抵触，按协议处理，与协议抵触的遗嘱全部或部分无效。因此，老人在与他人签订遗赠扶养协议时要慎重，尽量避免事后反悔这样的事情发生。

40

自己带大的弟弟不尽扶养义务，老年人遇到这种情况时，怎么办

赵老爹出身贫困，在他十几岁的时候，父母就双双离开了人世，照顾扶养不满周岁的弟弟的重担就落在了赵老爹的肩上。赵老爹白天外出劳动挣钱，将弟弟托付给邻居们照看，晚上收工后再将弟弟接回来。在艰苦的岁月里，赵老爹终于将弟弟养大了，还供弟弟上学，直到弟弟娶妻生子，赵老爹这个既当爹又当妈的大哥才松了口气，可是自己的婚姻大事却耽误了，到老还是孤身一人。后来，赵老爹得了一场大病瘫痪在了床上，弟弟偶尔去看看，留下点钱给赵老爹。时间一长，弟弟来的次数越来越少，后来索性不露面了。瘫痪的赵老爹生活不能自理，无奈之下，将弟弟告上了法庭。

婚姻法第二十九条规定：有负担能力的兄、姐，对于父母已经死亡或父母无力抚养的未成年的弟、妹，有扶养的义务。由兄、姐扶养长大的有负担能力的弟、妹，对于缺乏劳动能力又缺乏生活来源的兄、姐，有扶养

的义务。一般情况下，兄弟姐妹没有相互扶养的义务。按照婚姻法的规定，兄、姐对弟、妹的扶养，需具备以下条件：（一）弟、妹为未成年人；（二）夫妻已死亡或者父母无力抚养；（三）兄、姐有负担能力。弟、妹对兄、姐，须具备以下条件：（　）兄、姐缺乏劳动能力又缺乏生活来源；（二）弟、妹由兄和姐扶养长大；（三）弟、妹有负担能力。赵老爹在父母都去世的情况下，把不满周岁的弟弟抚养长大，已经尽了自己的扶养义务。现在赵老爹缺乏劳动能力又缺乏生活来源，弟弟理应扶养哥哥。

小贴士

老年人权益保障法第十六条规定："老年人与配偶有相互扶养的义务。由兄、姊抚养的弟、妹成年后，有负担能力的，对年老无赡养人的兄、姊有扶养的义务。"

91

41

精神病患者离婚后，老年人不知道该由谁来赡养时，怎么办

朱女士与曹某结婚并生有一个儿子。由于夫妻感情不好，经常吵闹，几十年来一直处于精神紧张状态，朱女士后来患上了精神病，治疗多年，没有治愈，渐渐地连生活也不能自理了。曹某觉得无法继续共同生活，遂向法院起诉与朱女士离婚，但此时朱女士正精神病发作，无法出庭，朱女士的姐姐被法院指定作为法定代理人参与诉讼。朱女士的姐姐担心妹妹离婚后，无人承担妹妹的生活费、医疗费，执意不同意曹某与妹妹离婚。

关于精神病患者离婚问题，《最高人民法院关于人民法院审理离婚案件如何认定夫妻感情确已破裂的若干具体意见》（1989 年 11 月 21 日）规定，婚前隐瞒了精神病，婚后经治不愈，或者婚前知道对方患有精神病而与其结婚，或一方在夫妻共同生活期间患精神病，久治不愈的，视为夫妻感情确已破裂。一方坚决要求离婚，经调解无效，可依法判决准予离婚。朱女士患精神病久治不愈，符合上述规定，法院可判决离婚，但因为朱女士此时患病，生活不能自理，应依据婚姻法第四十二条的规定，由曹某给予朱女士适当的经济帮助。

小贴士

作为无民事行为能力人或限制行为能力人的精神病患者离婚，只能通过民事诉讼程序进行，不能通过离婚登记程序进行。

42

"精神赡养"出现纠纷，老年人遇到这种情况时，怎么办

对老年人的赡养不但包含物质内容，也应当包含精神内容。老龄化社会下老人的精神需求和由此引发的赡养纠纷越来越多。请看下面的案例：

马老太中年丧偶，独自将孩子抚养成人，如今儿女都成家立业，都以工作忙为由很少回家看望她。马老太虽然物质生活富足，但是精神空虚。她常常对儿女们说，不要求他们每月给自己太多的生活费，够用就行，只要求他们尽量抽出时间常回家看看，陪自己聊聊天。但是即使就这样低的要求，儿女们都做不到。为了能多见见儿女，马老太不得不将儿女们告上法庭。

婚姻法有"敬老"、"赡养扶助"、"付给赡养费"的规定，老年人权益保障法有"关心和照料老年人"、"经济上供养、生活上照料和精神上慰藉"和"照顾老年人的特殊需要"的规定。我们可以将赡养概括为经济供养、生活照料和精神慰藉三项内容，经济供养可理解为物质赡养，生活照料兼具物质赡养和精神赡养双重性质，精神慰藉属于精神赡养。婚姻法第二十一条第一款、第三款明确规定："子女对父母有赡养扶助的义务。""子女不履行赡养义务时，无劳动能力的或生活困难的父母，有要求子女付给赡养费的权利。"在子女未尽赡养扶助义务时，父母有权起诉子女，要求其支付赡养费或提供生活扶助。

小贴士

建议老年人在起诉其不尽义务的子女时，以请求法院判决子女履行生活扶助义务为诉讼请求。如果成年子女对需要赡养的父母不尽经济供养、生活照料义务，将构成遗弃，父母完全可以要求成年子女履行赡养扶助义务。但如果以抽象的"精神赡养"或"精神慰藉"为诉讼请求，将使法院难以作出判决和执行。

43

自己有亲生子女，老年人被养子女拒绝赡养时，怎么办

老人看着失去父母的孩子可怜，收其为养子并将其抚养成人。养子成家立业后却不念养育之恩，不尽赡养义务，老人该怎么办？有下面这样一个案例：

顾某夫妇年轻时见邻村的小强因父母双亡成为孤儿，便将小强收为养子，把他接到家里，与自己亲生的两个儿子一起抚养。如今三个儿子都已经成家立业，过上了幸福的生活。在他们都成家后，顾某夫妇将财产平均划分为三份，分给了三个儿子。当时三个儿子商议，每人每月给父母提供200元的生活费。这样相安无事过了好几年。后来，小强突然拒绝再给顾某夫妇提供生活费。原因是小强知道了自己不是顾某的亲生儿子。小强认为，既然你们有亲生儿子，何必再要养子赡养呢。顾某夫妇大惑不解，虽然靠两个亲生儿子赡养完全可以生活，但是小强也是自己养大的，他理应赡养自己。

对于此种情况的发生，顾某夫妇可以向村民委员会求助，请求他们与小强沟通，协调此事。如果经协商还是不能解决，顾某夫妇可以向当地人民法院提起诉讼，请法院进行裁决。婚姻法第二十六条规定："国家保护合法的收养关系。养父母和养子女之间的权利和义务，适用本法对父母子女关系的有关规定。"此外，收养法第二十三条规定："自收养关系成立之日起，养父母与养子女之间的权利义务关系，适用法律关于父母子女关系的规定。"因此，毫无疑问，小强应对顾某夫妇尽赡养义务。

小贴士

老人是否有亲生子女不影响养子女对老人尽赡养义务。养子女和亲生子女一起对老人尽赡养义务。

44

"老有所为"是常理，老年人被赡养人要求承担力不能及的劳动时，怎么办

张老爹是水泥厂的一名职工，平时工作勤勤恳恳，任劳任怨。退休后一直帮儿子小张料理家务，本来工作繁重的儿子终于找到了帮手。一段时间之后，儿子的依赖性越来越强，总是以各种各样的借口，增加父亲的工作量，需要张老爹承担的家务也由简单变成繁重，后来干脆让张老爹和自己一起到田地里耕种责任田。起初，张老爹能够帮上儿子的忙，心里也挺高兴。由于年龄增长的原因，张老爹的身体每况愈下，时间一久，积劳成疾。但儿子却还让父亲做家务。张老爹不知如何是好。

老年人权益保障法第十五条第三款规定：赡养人不得要求老年人承担力不能及的劳动。这里所称"劳动"，主要是指生产劳动，也包括家务劳动；所称"力不能及的劳动"，是指老年人自身体质难以承受的劳动。当人生步入老年后，体质发生了明显的变化，可以让他们根据自己的志趣和专长，做一些力所能及的事情，参加一些有利于身心健康的活动，以丰富他们的晚年生活，但不能要求他们从事力不能及的劳动，更不能强迫。尊老爱幼是中华民族的优良传统，我们应努力让每一个老年人都能安享晚年。张老爹的"养老送终"，根据婚姻法和老年人权益保障法，是小张的义务，张老爹的权利。因此，张老爹完全可以拒绝小张要求他承担力不能及的劳动的要求。

小贴士

"老有所为"是应当权利，不是义务。

45

子女伪造父母签名签署房屋买卖合同，老年人面对这种情况时，怎么办

龚先生夫妇均已年过花甲，两位老人共有一处房产。他们的儿子小龚一直不务正业，游手好闲，沉迷于赌博。小龚因欠债太多，就打起了父母房产的坏主意。趁父母不注意的时候，小龚偷来了父母的身份证及房产证，以父母的名义与买方杜某签订了房屋买卖合同，合同上父母的签名都是小龚代签。在准备办理产权过户手续时，龚先生夫妇发觉，坚决不承认房屋买卖合同，不同意售房。但杜某则称已签署合同，并向小龚付了5万元定金，要么履行合同，要么返还双倍定金。龚先生夫妇遇到这种情况，不知该怎么办？

小龚与买方杜某签署的房屋买卖合同是不成立的。本案中这份合同上的龚先生夫妇的签名并非龚先生夫妇所签，也就是说龚先生夫妇并未与买方签过合同，他们之间当然不存在合同关系。小龚虽然是代签者，但并无父母授权，且没有以代理人身份签署合同，也不是合同的主体。因此，这份房屋买卖合同并未成立。依据未成立的合同交付定金，显然定金合同也不能成立，不适用定金规则。小龚收取的5万元"定金"应当返还杜某，杜某不能依据定金规则请求双倍定金。

小贴士

签署合同必须本人亲笔签署，冒充他人签名是无效的。合同法第三十二条规定："当事人采用合同书形式订立合同的，自双方当事人签字或者盖章时合同成立。"

46

子女强行索取父母财物，老年人遇到这种情况时，怎么办

老谢退休前是某公司高级技术人员，收入可观。退休后的一天，老谢在电视上看见一学生因家庭生活困难，面临失学的困境的报道。觉得他很可怜，便想资助他上学。不料老谢的儿子小谢却对此有了意见，极力阻挠父亲的这一行为。小谢称自己的日子过得都还不尽如人意，坚决不允许父亲拿钱去帮助外人，于是把父亲的存折等都拿过来交由自己"保管"。老谢不知如何是好。

老年人权益保障法第十九条规定："子女或者其他亲属不得强行索取老年人的财物。"宪法第十三条规定："国家依照法律规定保护公民的私有财产权和继承权。"老年人权益保障法第四十八条规定："家庭成员有盗窃、诈骗、抢夺、勒索、故意毁坏老年人财物，情节较轻的，依照治安管理处罚条例的有关规定处罚；构成犯罪的，依法追究刑事责任。"老年人的合法财产，包括生活资料和法律允许老年人所有的生产资料以及其他财产，都是受法律保护的，任何组织或者个人不得侵占和破坏，老年人有权依法处分个人的财产。老年人可以按照自己的意愿处分其个人所有的财产，也可以按照法定方式将其财产转计给他人，不必征得其子女或者其他亲属的同意。老谢的儿子小谢应当尊重父亲的财产权，支持父亲的慈善行动，更不应该以"保管"存折为名，干涉父亲正当行使财产权。

小贴士

家庭纠纷很大一部分都是因为财产问题，老年人一定要懂得运用法律武器来维护自己的财产权益。解决好了财产问题，很多时候赡养问题等家庭问题都会迎刃而解。

47

子女赡养要求钱财回报，老年人遇到这种情况时，怎么办

　　张老太的老伴已经去世多年，剩下老太太独自生活。又过了几年，老人投奔自己唯一的女儿，随女儿、女婿一起生活。老伴生前有点存款留给了张老太，她想既然跟女儿一起生活了，把老伴留给自己的钱先放在女儿手里。母亲一下给了这么一大笔钱，女儿自然高兴。后来张老太感觉钱在女儿手里，自己花钱很不方便，准备从女儿手里要回那笔钱自己保管。张老太把这个想法跟女儿说了，女儿虽不高兴但还是把钱还给了母亲。第二天，女儿、女婿就把张老太轰出了家门。女儿、女婿认为，他们已履行了赡养老人的义务，有权继承老人的财产，现在老人把钱要回去，他们也不想再赡养老人了。张老太非常难过。

　　婚姻法第二十一规定："父母对子女有抚养教育的义务；子女对父母有赡养扶助的义务。"张老太将女儿抚养教育成人，履行了做母亲的义务，而现在年岁大了理所当然由女儿、女婿赡养，这是女儿的法定义务。所以无论张老太的钱让不让女儿保管，女儿、女婿都必须赡养她，张老太的钱不是遗产，因而也谈不到遗产继承问题。老年人权益保障法第十九条规定：老年人有权依法处分个人的财产，子女或者其他亲属不得干涉，不得强行索取老年人的财物。张老太有权将自己的财产委托别人保管也可自己保管，但无论谁保管所有权均属于张老太自己，不随着保管人的转移而转移。张老太的钱放在谁手里保管与她的女儿、女婿是否赡养她无关。

小贴士

　　民法通则第七十五条第二款规定：公民的合法财产受法律保护，禁止任何组织或者个人侵占、哄抢、破坏或者非法查封、扣押、冻结、没收。财产所有人对自己的财产有占有、使用、收益和处分的权利。

48

进行赡养诉讼，老年人想知道自己享有哪些特殊权利时，怎么办

董老爹现年 65 周岁，早年丧偶，辛辛苦苦把两个儿子拉扯大，由于过度操劳，加上身体虚弱，已经丧失了劳动能力，没有了经济来源，生活陷入困境。两个儿子虽说已经工作，但只顾自己享受，不愿意赡养老人。董老爹多次找他们要钱吃饭、治病，都被种种理由拒绝。村民委员会的干部也多次做工作都无效，两个儿子虽说表面答应，过后照样我行我素。董老爹被逼无奈，只有将儿子告上法庭。董老爹如果想起诉，会在赡养诉讼纠纷中享有哪些特殊权利呢？

第一，优先立案的权利。法院非常注重老年人的权利，保护老年人的权益。对老年人的关于赡养起诉的案例，一般都会优先立案、优先审理、优先执行。

第二，享有司法救助的权利。根据最高人民法院 2005 年公布的《关于对经济确有困难的当事人提供司法救助的规定》，司法救助是指人民法院对于当事人为维护自己的合法权益，向人民法院提起民事、行政诉讼，但

经济确有困难的，实行诉讼费用的缓交、减交、免交。董老爹没有经济来源，已经丧失了劳动能力和生活来源，可以申请司法救助，法院经审理后符合条件的，予以批准，使生活困难的老年人能够打得起官司。

第三，享有先予执行的权利。先予执行，就是指人民法院在审理民事案件的过程中，因当事人一方生产或生活上的迫切需要，根据其申请，在作出判决前，裁定一方当事人给付另一方当事人一定的财物，或者立即实施或停止某种行为，并立即执行的措施。适用先予执行限于给付之诉，但不是所有给付之诉都可以适用先予执行。

小贴士

法律给予老年人在诉讼中很多特殊权利，老年人要懂得运用这些特殊权利维护好自身权益。

49

不和子女生活在一地，老年人起诉追索赡养费时，怎么办

李某夫妇年过七旬，家住在 A 市。老人生有两个子女，但孩子婚后分别在 B 市和 C 市生活，而且都不愿给父母赡养费，理由是他们都是下岗职工，家庭负担很重。李某夫妇想向法院起诉索要赡养费，有人说要向 B 市和 C 市起诉，有的说要向 A 市法院起诉。那么，李某夫妇到底该向哪里的法院起诉？

向何地法院提起诉讼，属于法律上的管辖问题。民事诉讼法第二十二条规定："对公民提起的民事诉讼，由被告住所地人民法院管辖；被告住所地与经常居住地不一致的，由经常居住地人民法院管辖。对法人或者其他组织提起的民事诉讼，由被告住所地人民法院管辖。同一诉讼的几个被告住所地、经常居住地在两个以上人民法院辖区的，各该人民法院都有管辖权。"这就是地域管辖中的"原就被"一般管辖规则。为方便诉讼，民事诉讼法意见就此作出特别规定，即第 9 条规定："追索赡养费案件的几个被告住所地不在同一辖区的，可以由原告住所地人民法院管辖。"因此，李某夫妇可以向他们住所地 A 市城区人民法院起诉。

对于子女的住所地不同的，如果要通过法律手段追索赡养费，可以到子女的住所地提起诉讼，也可以在本人的住所地提起诉讼。

小贴士

地域管辖，是指同级人民法院之间受理第一审民事案件的分工和权限。

50

子女不孝顺，老年人申请执行赡养费时，怎么办

黄某老伴去世多年，一直没有再续弦，一人拉扯儿子小黄长大。但是小黄是个不孝顺的儿子。成家立业后，小黄对老人不闻不问，认为老爷子反正有养老金，不用再负担他的生活费。可是他哪里知道老人养老金仅几百元钱，再加上生活长期无人照料，常常饥一顿、饱一顿。老人思前想后，认为儿子应该照料自己的生活，上门讨要未果，诉至法院。法院判决小黄每个月支付给父亲生活费 500 元。可是，法院虽然判下来已经 4 个月了，可儿子小黄就是以种种理由为借口不执行。黄某该怎么办呢？

民事诉讼法第二百一十二条规定："发生法律效力的民事判决、裁定，当事人必须执行。一方拒绝履行的，对方当事人可以向人民法院申请执行，也可以由审判员移送执行员执行。"黄某的儿子不履行判决书所确定的给付赡养费义务，法院又没有主动执行该生效判决，在这种情况下，黄某可以依法向法院申请执行。

民事诉讼法第二百一十五条规定："申请执行的期间为二年。申请执行时效的中止、中断，适用法律有关诉讼时效中止、中断的规定。前款规定的期间，从法律文书规定履行期间的最后一日起计算；法律文书规定分期履行的，从规定的每次履行期间的最后一日去计算。"黄某只要在判决生效的一年内提出执行申请，法院就会发出执行通知，要求小黄在指定的期限内履行判决确定的给付义务。在指定的期限内不履行的，法院依法强制执行。

小贴士

在追索赡养费、扶养费的诉讼过程中，当事人可以依照民事诉讼法第九十七条的规定，申请法院裁定先予执行。

第三章

财产继承

——尊老育幼　轻财贵义

【导语】生老病死，人之常情。现实生活中，常有至亲为遗产继承问题反目，对簿公堂。这是被继承人生前不愿看到的。被继承人生前依照继承法的规定立下遗嘱，或许是避免继承纠纷发生的好办法。本章对遗产范围、继承权、法定继承、遗嘱继承、遗嘱扶养协议、遗产分割等问题进行了解答，并介绍了立遗嘱的法律常识。

1

家产比较丰厚，老年人想知道哪些可以作为遗产时，怎么办

李某现年 65 岁，经营一家私营企业，收入颇丰，有住宅 3 处、存款 500 万元、天马公司股票 1 万股，出版诗集 1 部，另外还收藏了不少书画、古玩。现欲立遗嘱，不清楚上述哪些财产可以作为遗产加以处分？

遗产是公民死亡时遗留的个人合法财产。继承法规定可以作为遗产继承的财产主要有三类：一是财产所有权，包括：公民的收入，公民的房屋、储蓄和生活用品，公民的林木、牲畜和家禽，公民的文物、图书资料；法律允许公民所有的生产资料。国有土地上的房屋所有权及其建设用地使用权，农村房屋所有权及宅基地使用权均可成为遗产。文物可以继承，但必须遵守文物保护法的有关规定。二是知识产权中的财产权，包括公民的注册商标专用权、专利权、著作权等中的财产权利。三是公民的其他合法财产，如有价证券、债权债务等。

不能成为遗产的权利包括以下两类：一是被继承人生前的人身权利。被继承人生前享有的人格权和身份权，因其死亡而自然消灭，不能成为遗产为继承人继承。知识产权中的人身权不得作为遗产继承，但知识产权中的财产权可以作为遗产继承。二是被继承人生前拥有的专属性权利。如劳动合同权利义务，人身保险合同中的受益权，享受社会保险待遇的权利，演出合同中的演出义务，等等。

小贴士

公民合法财产的继承权受法律保护，宪法、继承法和继承法意见等法律和司法解释为老年人财产的继承提供了坚强的保障。

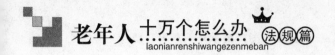
2

工程师去世，其妻女想继承其知识产权中的财产权时，怎么办

谢某是一位工程师，2002 年取得一项实用新型专利。该项实用新型专利技术含量高，是厂里的核心机密。谢某因病去世后，其妻子、女儿向法院起诉，请求专利设计报酬费 40 万元，并一次性支付。该项请求能否得到法院支持？

一审法院认为，依据《中华人民共和国专利法实施细则》第七十八条的规定，被授予专利权的单位未与发明人、设计人约定也未在其依法制定的规章制度中规定专利法第十六条规定的报酬的方式和数额的，在专利权有效期限内，实施发明创造专利后，每年应当从实施该项发明或者实用新型专利的营业利润中提取不低于 2% 或者从实施该项外观设计专利的营业利润中提取不低于 0.2%，作为报酬给予发明人或者设计人，或者参照上述比例，给予发明人或者设计人一次性报酬。谢某去世后，该报酬作为他依法享有的财产权，根据继承法规定由其妻子女儿继承。一审法院遂作出判决，谢某所在的工厂向谢某的妻子、女儿支付一次性专利报酬 25 万余元。

知识产权对推动全人类文化艺术的繁荣、科学技术的进步和对经济与社会生活的巨大影响，已日益为人们所公认。当知识产权受到法律保护以后，其财产权应该能够作为继承的客体。依据继承法的规定，公民的著作权、专利权中的财产权，属于遗产的范围，能够作为继承的客体。

小贴士

依据著作权法的规定，著作权属于公民的，公民死亡后，其作品的复制权、发行权、出租权、展览权、表演权、放映权、广播权、信息网络传播权、摄制权、改编权、翻译权和汇编权等权利在保护期内，依照继承法的规定转移。

3

父亲去世，子女继承其土地承包经营权产生争议时，怎么办

吴老爹有两子大吴与小吴。吴老爹与小吴一家共同生活，1998年进行第二轮土地承包时，小吴所在户以家庭承包方式共承包土地4亩，其中含吴老爹的份额1亩。此后，小吴一直耕种此1亩承包地。2007年3月，吴老爹去世，这1亩承包地继续由小吴耕种。2008年5月，大吴认为父亲的1亩承包地应当由兄弟两人平分，向小吴讨要未果，遂将小吴诉至法院，请求法院判令小吴分割0.5亩土地给大吴耕种。这项请求能否得到法院支持？

家庭承包的承包方是本集体经济组织的农户，即家庭承包是以农户为单位而不是以个人为单位。农村土地承包法第三条规定："国家实行农村土地承包经营制度。农村土地承包采取农村集体经济组织内部的家庭承包方式，不宜采取家庭承包方式的荒山、荒沟、荒丘、荒滩等农村土地，可以

采取招标、拍卖、公开协商等方式承包。"该法第十五条规定："家庭承包的承包方是本集体经济组织的农户。"当承包的农户中的一人或几人死亡时，承包地仍由其他家庭成员继续承包经营，不发生继承的问题。吴老爹与小吴一家作为一个农户签订承包合同，吴老爹去世后，不影响该农户继续享有土地承包经营权，大吴的诉讼请求不能得到法院的支持。

农村土地承包法第三十条规定："承包期内，妇女结婚，在新居住地未取得承包地的，发包方不得收回其原承包地；妇女离婚或者丧偶，仍在原居住地生活或者不在原居住地生活但在新居住地未取得承包地的，发包方不得收回其原承包地。"

4

父母去世，子女对其遗产是否适用法定继承认识不一致时，怎么办

周某夫妇共生育子女两人，儿子小刚，女儿小英。1986年周某夫妇在家乡建造房屋一处。1988年周老爹病故。1990年，儿子小刚结婚，分家搬出另过。1995年，女儿小英出嫁，周老太独立生活。2010年6月，周老太病故。周老太生前于2002年5月10日立下遗嘱，写明将其夫妻共同建造的房屋留给女儿小英。周老太去世后，儿子小刚认为，自己也是家庭成员，理应分得部分遗产，遂将妹妹小英起诉到某人民法院。

本案中周某夫妇在家乡共同建造的房屋属于夫妻共同所有。继承法第二十六条规定："夫妻在婚姻关系存续期间所得的共同所有的财产，除有约定的以外，如果分割遗产，应当先将共同所有的财产的一半分出为配偶所有，其余的为被继承人的遗产。遗产在家庭共有财产之中的，遗产分割时，应当先分出他人的财产。"周老爹生前未订立遗嘱，周老爹去世后的遗产包含该处房产的一半，另一半房产为周老太所有。该房屋的一半作为周老爹的遗产由其配偶周老太、儿子小刚和女儿小英共同继承，三人可以平分。周老太可以订立遗嘱，有权处分自己所有的房产部分（一半房产，另加从周老爹继承的1/6房产，共计2/3房产），遗嘱所处分的其余部分无效。女儿小英可继承父亲的1/6房产和母亲遗嘱指定的2/3房产，共计5/6房产；儿子小刚可继承父亲的1/6房产。本案中周老太所立遗嘱部分无效。

小贴士

继承法第二十七条规定："有下列情形之一的，遗产中的有关部分按照法定继承办理：（一）遗嘱继承人放弃继承或者受遗赠人放弃受遗赠的；（二）遗嘱继承人丧失继承权的；（三）遗嘱继承人、受遗赠人先于遗嘱人死亡的；（四）遗嘱无效部分所涉及的遗产；（五）遗嘱未处分的遗产。"

5

父母去世，子女对其遗产法定继承权是否丧失产生争议时，怎么办

高某夫妻生有两个儿子。高某夫妻与老大关系不融洽，甚至吵过架，故一直与老二生活在一起。后二老先后去世，留下房子3间、存款1万余元。在处理遗产时，老二认为其父母一直与其生活在一起，生活起居均由其照顾，老大不孝敬父母，应当丧失继承权，其财产均应由其继承。兄弟俩为此发生争执。

继承权之丧失，继承权的丧失是指依照法律的规定在发生法定事由时取消继承人继承被继承人遗产的权利。继承法第七条规定："继承人有下列行为之一的，丧失继承权：（一）故意杀害被继承人的；（二）为争夺遗产而杀害其他继承人的；（三）遗弃被继承人的，或者虐待被继承人情节严重的；（四）伪造、篡改或者销毁遗嘱，情节严重的。"继承法意见对此作了如下解释：（一）继承人虐待被继承人情节是否严重，可以从实施虐待行为的时间、手段、后果和社会影响等方面认定。虐待被继承人情节

严重的，不论是否追究刑事责任，均可确认其丧失继承权。（二）继承人故意杀害被继承人的，不论是既遂还是未遂，均应确认其丧失继承权。（三）继承人虐待被继承人情节严重的，或者遗弃被继承人的，如以后确有悔改表现，而且被虐待人、被遗弃人生前又表示宽恕，可不确认其丧失继承权。（四）继承人伪造、篡改或者销毁遗嘱，侵害了缺乏劳动能力又无生活来源的继承人的利益，并造成其生活困难的，应认定其行为情节严重。本案中，老大虽与父母关系不融洽，甚至吵过架，但并不具备继承法第七条规定的丧失继承权的情形，故不丧失继承权。

小贴士

在遗产继承中，继承人之间因是否丧失继承权发生纠纷，诉讼到人民法院的，由人民法院根据继承法第七条的规定，判决确认其是否丧失继承权。

6

父母双亡，家人想知道谁是遗产的法定继承人时，怎么办

薛某、傅某夫妻俩遭遇车祸，不幸同时身亡。薛某、傅某夫妻俩生前未立遗嘱。薛某、傅某生前生育了一儿一女。薛某、傅某去世时，薛某的母亲还健在，此外还有薛某的一个哥哥，傅某的一个妹妹。上述亲属为继承薛某、傅某留下的遗产发生争执。那么，他们中间究竟谁有继承权？

本案中死者薛某、傅某夫妻俩未立遗嘱，故适用法定继承。依据继承法第十条的规定，遗产按照下列顺序继承：第一顺序：配偶、子女、父母。第二顺序：兄弟姐妹、祖父母、外祖父母。继承开始后，由第一顺序继承人继承，第二顺序继承人不继承。没有第一顺序继承人继承的，由第二顺序继承人继承。本案中，第一顺序继承人有薛某、傅某的儿子、女儿以及薛某的母亲，第二顺序继承人有薛某的哥哥和傅某的妹妹。薛某、傅某的遗产由薛某、傅某的儿子、女儿以及薛某的母亲继承，第二顺序继承人薛某的哥哥、傅某的妹妹不继承。

小贴士

继承法意见第二条规定："相互有继承关系的几个人在同一事件中死亡，如不能确定死亡先后时间的，推定没有继承人的人先死亡。死亡人各自都有继承人的，如几个死亡人辈份不同，推定长辈先死亡；几个死亡人辈份相同，推定同时死亡，彼此不发生继承，由他们各自的继承人分别继承。"

7

非婚同居，老年人想知道双方是否享有继承权时，怎么办

唐某是某工厂的退休职工，前些年他的妻子因病去世，自己含辛茹苦把孩子抚养大。随着年龄的增长，唐某感到了孤独，在一次偶然的机会认识了吕某，两人很投缘。唐某后来得知，吕某也是中年丧偶。两人同病相怜，很快就走到一起，吕某住进了唐某家，但没有领取结婚证。他们想弄明白，他们彼此之间能否相互继承？

老年同居者不具备有配偶身份，故不能作为继承人相互继承对方的财产。我国继承法第十条将配偶列为第一顺序法定继承人。作为继承人的配偶需在被继承人死亡时与被继承人之间存在合法婚姻关系的人。与被继承人原有婚姻关系，但在被继承人死亡时已经解除婚姻关系的人，不为配偶。夫妻一方在离婚诉讼过程中或者在法院已作出离婚的判决但判决未发生效力前死亡的，另一方仍为配偶，为法定继承人。与被继承人非婚同居或者姘居的人，不为配偶，不属于法定继承人，但依法可认定为存在事实婚姻关系的，认定为配偶。与被继承人已办理结婚登记手续，虽未与被继承人同居，也为配偶，属于法定继承人。但办理结婚登记手续后，其婚姻被确认无效或撤销的，不为配偶，不能成为法定继承人。本案中的唐某与吕某仅仅是非婚同居者，无婚姻关系，故不属于法定继承人。

老年同居者可以通过立遗嘱的方式，将自己的财产遗赠给对方。老年同居者不是法定继承人，但可以通过遗嘱指定为受遗赠人。

小贴士

与有配偶者重婚或同居的人，也不具备配偶身份，不是法定继承人。

8

配偶去世后，老年人与子女就遗产继承权产生争议时，怎么办

马某和李某是 1978 年结婚的，有一子一女。2005 年，丈夫李某因意外事故身亡。丈夫去世后，家里因为遗产分割问题闹起了纠纷。儿子和女儿要求把父母所有的财产由 3 人平均分割。儿子和女儿的主张是否有法律依据？

在现实生活中，马某所遭遇的类似情况时有发生。一些人对夫妻共同财产、家庭共有财产和个人财产认识模糊，在分割财产时，会提出把夫妻共同财产或家庭共有财产依照个人财产进行分割。子女要求把父母的共同财产，都作为遗产来分割，这是与法律相违背的。继承法第二十六条规定："夫妻在婚姻关系存续期间所得的共同所有的财产，除有约定的以外，如果分割遗产，应当先将共同所有的财产的一半分出为配偶所有，其余为继承人的遗产。遗产在家庭共有财产之中的，遗产分割时，应当先分出他人的遗产。"在遗产分割前，应把老年人夫妇共同所有的财产先分出一半归一方所有，其余的作为遗产，由老年人和子女分割。本案中马某的儿子和女儿要求把父母所有的财产由 3 人平均分割，是不符合继承法规定的。

小贴士

如果被继承人的遗产处于共有财产之中，就应当先将遗产从共同财产中析出。共有财产包括按份共有财产和共同共有财产。被继承人生前拥有的按份共有的份额，属于遗产。夫妻共同财产、其他家庭成员共同财产等共同共有财产，应当先分出他人的遗产，剩下的死者遗产由继承人继承。

9

非婚生子女继承遗产，婚生子女不同意时，怎么办

　　未婚女子贾某与有妇之夫贺某同居期间怀孕，后迫于家庭的压力，两人分手。贾某和李甲结婚，婚后5个月生下女儿李乙。现贺某亡故，李乙持有关证据材料要求继承贺某的遗产。贺某的儿子承认李乙与贺某之间有血缘关系，但认为贺某和贾某同居时李乙并未出生，李乙是贾某和李甲结婚后才出生的，李乙无权继承贾某的遗产，双方产生纠纷诉诸法院。

　　非婚生子女是指无婚姻关系的男女所生育的子女，包括无效婚姻或被撤销婚姻当事人所生子女、已婚男女与非配偶所生的子女、未婚男女所生的子女等。李乙系无婚姻关系的贺某和贾某非法同居所生，属于他们的非婚生女。婚姻法第二十五条第一款规定："非婚生子女享有与婚生子女同等的权利，任何人不得加以危害和歧视。"继承法第十条第三款规定："本

法所说的子女，包括婚生子女、非婚生子女、养子女和有扶养关系的继子女。"非婚生子女与婚生子女具有同样的继承权。基于上述规定，人民法院经审理后认定，虽然李乙在贺某和贾某同居时尚未出生，其生父贺某和贾某也不是合法夫妻，但非婚生子女享有与婚生子女同等的权利。李乙作为贺某的非婚生子女是其法定继承人，有权继承贺某的遗产。

小贴士

　　为保护非婚生子女的利益，现代世界各国和地区普遍通过"准正"和"认领"两项法律制度确认非婚生子女与生父的关系，尽量使非婚生子女婚生化。至于非婚生子女与生母之间的关系，只要基于分娩的事实即可确定。

10

继子女继承其生父遗产后，还要继承老人财产时，怎么办

汪某与刘某经人介绍结婚，生一男孩汪甲。2000年，两人因感情破裂经法院判决离婚，双方所生的男孩汪甲（12岁）由女方刘某抚养。2001年，刘某与赵某结婚。婚后，刘某带着汪甲与赵某、赵某与前妻所生女儿赵乙共同生活。2004年，汪某因脑溢血去世，留有遗产7万元，由汪甲继承。2007年，赵某病故，留有10万元遗产。赵乙认为，刘某是父亲的妻子，可以分得一份遗产；汪甲不是父亲的亲生儿子，并且已经继承过其生父汪某的财产，因此无权继承。于是，汪甲与赵乙发生了继承纠纷。

本案中的赵某与汪甲是有抚养教育关系的继父子关系。继子女是指丈夫对妻子与前夫所生子女或妻子对丈夫与前妻所生子女的称谓。子女对母亲或父亲的后婚配偶，称继父或继母。在我国现实生活中，以继父母子女间是否形成抚养教育关系为标准，继父母子女关系可分为两类：其一为受继父母抚养教育的继子女，与继父母之间的关系是法律拟制的直系血亲关系；其二为未受继父母抚养教育的继子女，与继父母的关系是直系姻亲关系。本案中，刘某与赵某结婚时，汪甲尚未成年，赵某与汪甲有抚养教育的事实，故两人具有法律拟制的直系血亲关系。依据婚姻法第二十七条的规定，继父或继母和受其抚养教育的继子女间的权利和义务，适用本法对父母子女关系的有关规定。继承法第十条第三款规定："本法所说的子女，包括婚生子女、非婚生子女、养子女和有扶养关系的继子女。"汪甲是赵某有扶养关系的继子女，是赵某的第一顺序法定继承人，有权继承赵某的遗产。

小贴士

与继父母有扶养关系的继子女，既可以继承继父母的遗产，又可以继承生父母的遗产，具有双重继承关系。

11

生父母领取养子女的死亡赔偿金，养父母不同意时，怎么办

蔡某3岁的时候，被父母送养给她舅父母，并办理了收养手续。养父母对蔡某尽到了抚养教育义务。因为是亲戚，蔡某平时也与亲生父母来往。2009年的一天，蔡某遭遇道路交通事故，经送医院抢救无效死亡。蔡某的亲生父母出面处理道路交通事故赔偿事宜，并领取了20万元死亡赔偿金。蔡某的养父母（即舅父母）认为理应他们取得赔偿金，由此双方发生纠纷。

我国侵权责任法第十六条规定："侵害他人造成人身损害的，应当赔偿医疗费、护理费、交通费等为治疗和康复支出的合理费用，以及因误工减少的收入。造成残疾的，还应当赔偿残疾生活辅助具费和残疾赔偿金。造成死亡的，还应当赔偿丧葬费和死亡赔偿金。"死亡赔偿金是因侵害他人造成死亡结果而应赔偿的款项。

死亡赔偿金不属于遗产。遗产是公民死亡时遗留的个人合法财产，而死亡赔偿金是因侵权行为致人死亡后产生的，在死者生前并不存在，不属于公民生前就拥有的个人财产。继承法和继承法意见均未将死亡赔偿金列为遗产。

死亡赔偿金应当支付给死者的近亲属的。侵权责任法第十八条第一款的规定，被侵权人死亡的，其近亲属有权请求侵权人承担侵权责任。本案中，蔡某已经送养给其舅父母，并办理了收养手续，其舅父母是养父母，与蔡某具有拟制血亲关系。蔡某与其亲生父母的权利义务关系因收养关系的成立而消除，故蔡某的亲生父母已经不是法律上的"近亲属"，也无权请求侵权人向其支付死亡赔偿金。蔡某的死亡赔偿金应当由蔡某的养父母享有。

小贴士

《最高人民法院关于确定民事侵权精神损害赔偿责任若干问题的解释》（2001年2月26日）曾将死亡赔偿金规定为一种精神损害抚慰金，但侵权责任法并未将死亡赔偿金规定为一种精神损害抚慰金。

12

养子女继承老人遗产，亲子女不同意时，怎么办

潘某与范某经人介绍结婚，生育儿子潘甲。10年后，两人因感情破裂经法院判决离婚，儿子潘甲由范某抚养。1981年，潘某收养了一名孤儿，办理了收养手续，并将其改名为潘乙。2010年7月潘某死亡，留下一笔遗产。潘甲、潘乙双方产生遗产分割纠纷而诉至法院。

本案中，潘甲是潘某的亲生儿子，是潘某的第一顺序法定继承人。潘某与范某离婚后，儿子潘甲由范某抚养，但潘某与潘甲的父子关系却并未改变。婚姻法第三十六条第一款规定："父母与子女间的关系，不因父母离婚而消除。离婚后，子女无论由父或母直接抚养，仍是父母双方的子女。"

潘乙是潘某的养子，也是潘某的第一顺序法定继承人。养子女是指因收养关系的成立而为收养人收养的子女。收养关系成立后，收养人与被收养人间形成了一种拟制血亲关系，被收养人与其生父母间法律上的权利义务关系消除，养父母与养子女之间发生父母子女间的权利义务关系，养子女成为养父母的法定继承人。继承法第十条第三款规定："本法所说的子女，包括婚生子女、非婚生子女、养子女和有扶养关系的继子女。"

本案中，如果潘某没有其他第一顺序的继承人，则其遗产由亲生儿子潘甲、养子潘乙分别继承。

小贴士

养子女与亲生子女具有同样的继承权。

13

继子女继承老人遗产，亲生子女不同意时，怎么办

袁某 6 岁时随母亲改嫁到继父家生活。继父有一 5 岁的儿子乔某。袁某 25 岁时出嫁，继弟乔某两年后也已成家。袁某的母亲几年前已经亡故，今年继父又亡故了。袁某的母亲和继父留下一套商品房，还有其他一些遗产。现乔某占有这套商品房和其他遗产，不同意袁某分割袁某的母亲和继父的遗产？袁某该怎么办？

婚姻法第二十七条规定："继父或继母和受其抚养教育的继子女之间的权利义务，适用本法对父母子女间关系的有关规定。"《最高人民法院关于贯彻执行民事政策法律若干问题的意见》第（37）条规定："继父、继母与继子女间，已形成扶养关系的，互有继承权。继子女继承了继父母遗产后，仍有继承生父母遗产的权利。"与继父母有扶养关系的继子女对继父母的遗产享有继承权，因为有扶养关系的继子女与继父母之间形成了法律上的拟制血亲关系，继子女也就能像亲生子女一样继承被继承人的遗产，成为被继承人的法定继承人。本案中，袁某 6 岁时随母亲改嫁到继父家生活，与继父形成了法律上的拟制血亲关系。所以，袁某有权继承其母亲和继父的遗产，乔某想独占这份遗产是没有法律依据的。

目前，我国对继父母和继子女间形成抚养教育关系的认定标准尚无具体规定，因此在实践中会产生很多麻烦。一般是根据继父母对继子女在经济上尽了扶助义务，或生活上尽了抚养教育义务等来认定。

14

丧偶儿媳继承老人遗产，其他子女不同意时，怎么办

钱某与郑某结婚后就与公婆共同生活，婚后生有一子，现年21岁。公婆的日常生活开支均由钱某和郑某承担，大哥郑文、二哥郑武（丈夫之兄）均另立门户。两年前，郑某因病去世，钱某和儿子一如既往地照料公婆，现今公婆相继死亡，留有遗产。郑文、郑武认为钱某和儿子已经得到了郑某的遗产，就不应再分遗产了，遂产生争议。

依据我国继承法第十条的规定，遗产按照下列顺序继承：第一顺序：配偶、子女、父母。第二顺序：兄弟姐妹、祖父母、外祖父母。继承开始后，由第一顺序继承人继承，第二顺序继承人不继承。没有第一顺序继承人继承的，由第二顺序继承人继承。一般情况下，子女是父母的法定继承人，儿媳、女婿不是公婆、岳父母的法定继承人。但是，在现实生活中，丧偶儿媳赡养公婆、丧偶女婿赡养岳父母的现象屡见不鲜。为此，继承法

第十二条作了特别规定："丧偶儿媳对公婆、丧偶女婿对岳父母尽了主要赡养义务的，作为第一顺序继承人。"同时，妇女权益保障法第三十五条对此问题也作出了明确规定："丧偶妇女对公婆尽了主要赡养义务的，作为公婆的第一顺序法定继承人，其继承权不受子女代位的影响。"本案中，钱某对公婆尽了主要赡养义务，故按照继承法第十二条的规定，作为第一顺序继承人，与郑文、郑武等第一顺序继承人共同继承公婆的遗产。

小贴士

为了提倡和鼓励家庭成员之间相互扶助、尊敬和赡养老人，发扬中华民族传统美德，继承法、妇女权益保障法等法律都明文规定，如果丧偶儿媳对公、婆尽了主要赡养义务的，则是公婆第一顺序法定继承人。

15

丧偶女婿继承老人遗产，其他子女不同意时，怎么办

2003年，黎某与刘某结为夫妇。因刘某父亲早亡，哥哥刘大在外地工作，他们结婚后，刘某年迈的母亲无人照顾，于是黎某把岳母接来与他们一起生活。2008年，刘某因意外事故不幸身亡，黎某仍一如既往地赡养岳母。2010年春节，岳母年老去世，留下了价值3万元的遗产。在分割遗产时，黎某认为自己赡养照顾了岳母多年，所以要求与刘大共同继承这笔遗产，但刘大却以他只是丧偶女婿，不是法定继承人为由拒绝。

继承法第十条规定："遗产按下列顺序继承：第一顺序：配偶、子女、父母。第二顺序：兄弟姐妹、祖父母、外祖父母。继承开始后，由第一顺序继承人继承，第二顺序人不继承。没有第一顺序继承人继承的，由第二顺序继承人继承。"所以，在一般情况下，丧偶女婿不是法定继承人，没有继承权。但鉴于现实生活中丧偶儿媳赡养公婆、丧偶女婿赡养岳父母的现象并不少见，为肯定和鼓励这种行为，继承法第十二条特别规定："丧偶儿媳对公婆，丧偶女婿对岳父母尽了主要赡养义务的，作为第一顺序继承人。"由此可见，本案中的黎某作为丧偶女婿对岳母尽了主要赡养义务，应作为作为第一顺序承人，与刘大共同继承岳母的遗产。

小贴士

宪法规定："成年子女有扶助赡养子女的义务。"继承法为了贯彻这个精神，从继承权、继承遗产的份额等方面作了规定，丧偶女婿赡养岳父、岳母直至其死亡，为第一顺序继承人。这些规定都是为了更好地赡养老人，提供一定的法律支持。

16

遗产继承顺序法定，亲属之间产生争议时，怎么办

李女士的外公有一子一女，儿子已经定居国外，李女士的母亲身体不好。外公老了以后，主要由李女士负责照顾。2008年3月，老人在小区散步时，突发心脏病，经送医院抢救无效去世，留下一套房产和一笔存款。但生前不曾留下遗嘱，也没有表示要遗赠。老人的父母都已去世，也没有别的兄弟、姐妹，作为主要赡养人的李女士与舅舅就遗产继承问题产生纠纷。

我国继承法第十条规定了两个继承顺序以及各顺序的法定继承人范围。按规定，配偶、子女、父母为第一顺序继承人，兄弟姐妹、祖父母、外祖父母是第二顺序继承人。继承开始后，由第一顺序继承人继承，第二顺序人不继承。没有第一顺序继承人继承的，由第二顺序继承人继承。孙子女、外孙子女一般情况下不是继承人，只有在代位继承的情形下才可以继承。代位继承，是法定继承中的一种特殊情况。我国继承法上的代位继承，是指被继承人的子女先于被继承人死亡时，由被继承人的死亡子女的晚辈直系血亲继承其应继承的遗产份额的制度。本案中，李女士的母亲尚健在，并未先于被继承人（外公）死亡，故李女士也不能代位继承。李女士外公的遗产应由外公的儿子、女儿继承。但考虑到李女士对外公多年的赡养，李女士可以依据继承法第十四条关于"对继承人以外的依靠被继承人扶养的缺乏劳动能力又没有生活来源的人，或者继承人以外的对被继承人扶养较多的人，可以分给他们适当的遗产"的规定，分得适当的遗产。

小贴士

确定继承顺序的依据主要是根据亲属关系的亲疏远近、相互间扶养、权利义务的多少以及传统习俗。

17

子女先于老人死亡，孙辈要继承老人遗产时，怎么办

于某在 20 世纪 90 年代初期成立了汽修厂，经过近 20 年的精心运作现已发展成为资产达千万元的有限公司。于某与妻子共生有两子，长子于甲在公司担任副董事长兼总经理，次子于乙因车祸在 2001 年死亡。2010 年 4 月，于某突然死亡，长子继任公司董事长。于乙有一女儿于丙。于丙在爷爷去世后多次向自己的伯父于甲提出要继承爷爷的公司股权，但遭到拒绝，其理由是作为孙辈的于丙无权继承爷爷的遗产。

于丙有权依代位继承程序继承爷爷的遗产。代位继承是法定继承制度的必要补充和特殊形式，是在被继承人的子女先于被继承人死亡的情形下，由其晚辈直系血亲代位继承被代位继承人应继承份额的继承方式。继承法第十一条规定："被继承人的子女先于被继承人死亡的，由被继承人的子女的晚辈直系亲属代位继承。代位继承人一般只能继承他的父亲或者母亲有权继承的份额。"代位继承需具备 5 项要件：一是被代位继承人在继承开始前死亡，二是被代位继承人是被继承人的子女，三是被代位继承人未丧失继承权，四是代位继承人为被代位继承人的晚辈直系血亲，五是代位继承只适用于法定继承。于丙的父亲于乙先于爷爷于某死亡，且未丧失继承权，故于丙具备代位继承爷爷遗产的全部条件。于甲拒绝于丙的继承请求，是没有法律依据的。

小贴士

代位继承属于法定继承范围中的一种特殊继承制度，是为弥补第一顺序继承人中子女的缺位而设定的。

18

曾孙辈代位继承老人遗产，其他继承人不同意时，怎么办

村民肖甲在城乡结合区域建有一共200平方米的民房一幢。肖甲夫妇生育了两子，长子肖乙、次子肖丙。长子肖乙有一子肖丁。肖乙于2002年去世。肖丁也于2009年死亡，留有一女肖戊。2010年肖甲死亡后其后人要将祖屋进行分割继承。肖戊提出要参加继承曾祖父的房产，叔公肖丙认为肖戊的爷爷肖乙、爸爸肖丁均已去世，肖戊没有资格继承曾祖父的房产。

肖戊有权以代位继承人身份继承曾祖父的房产。代位继承是指被继承人的子女先于被继承人死亡时，由被继承人的死亡子女的晚辈直系血亲继承其应继承的遗产份额的制度。继承法第十一条规定："被继承人的子女先于被继承人死亡的，由被继承人的子女的晚辈直系亲属代位继承。代位继承人一般只能继承他的父亲或者母亲有权继承的份额。"先于被继承人死亡的继承人称为被代位继承人，其晚辈直系血亲称为代位继承人。代位继承人并不限于孙辈，只要被代位继承人与代位继承人之间缺位，被继承人的子女的晚辈直系亲属均可代位继承。肖戊虽然是肖甲的曾孙女，但因为他们之间的肖乙、肖丁均已亡故，故肖戊成为代位继承人，继承曾祖父的遗产。

小贴士

代位继承人是直接参加被继承人遗产的继承，并且是基于其代位继承权而取得继承被继承人遗产的权利，属于替补继承的性质，所以代位继承人不受辈数的限制。

19

子女在办理遗产继承权期间死亡，其孙辈要继承老人遗产时，怎么办

李甲早年丧妻，将儿子李乙、李丙拉扯大。李甲本来可以安享晚年，可是他偏偏闲不住，在小镇上开了个小店修车，生意很红火。2005年5月，李甲病逝，留下修车积攒的10万元钱。李乙、李丙对此遗产未进行分割。2010年7月，李乙在出差途中遭遇车祸，不幸去世。李乙的女儿李丁要求继承其祖父的遗产，遭到叔父李丙的拒绝。李丁是否有权继承其祖父的遗产？

李丁有权以转继承方式继承其祖父遗产中属于其父李乙的部分。转继承是指继承人在继承开始后，遗产分割前死亡的，由其继承人继承其应继承的遗产份额的一种法律制度。在继承开始后遗产分割前死亡的继承人是被转继承人，有权继承被转继承人应继承的遗产份额的人是转继承人。继承法第十条规定，公民死亡时遗留的个人合法财产为遗产，遗产由配偶、子女、父母继承，没有上述继承人的由兄弟姐妹、祖父母、外祖父母继承。继承法意见第52条规定，继承开始后，继承人没有表示放弃继承，并于遗产分割前死亡的，其继承遗产的权利转移给他的合法继承人。转继承的性质是继承遗产权利的转移，所以转继承又称之为连续继承、丙继承或者第二次继承。

小贴士

转继承与代位继承有相似之处，但两者存在根本性的区别。转继承实质上是连续发生的两次继承，转继承人享有的是分割遗产的权利，而不是对被继承人的遗产继承权。而代位继承是代位继承人基于代位继承权直接参加遗产继承，代位继承人享有的是对被继承人遗产的代位继承权，而不是对被代位继承人的遗产继承权。

20

尽主要扶养义务或与老人共同生活的继承人想多得遗产，其他继承人不同意时，怎么办

小王的父亲前不久辞世，留下了巨额财产，但没有留下遗嘱。小王还有3个哥哥，大哥从小患病生活不能自理，一直由父亲养着，二哥、三哥常年在外工作和生活，只有小王一直与父亲共同生活。兄弟4人对如何分割遗产有分歧。小王认为：应给大哥留下足够的生活费、护理费，而自己长期照顾父亲，也应多分。二哥、三哥则认为：大哥长期拖累父亲，没资格多分；小王家境不错，也不应多分。小王起诉至法院，法官判决支持了小王的主张。小王属于"对被继承人尽了主要扶养义务"、"与被继承人共同生活"，因此小王可以多分。

对被继承人尽了主要扶养义务或者与被继承人共同生活的继承人，分配遗产时，可以多分。继承法第十三条规定："同一顺序继承人继承遗产的份额，一般应当均等。对生活有特殊困难的缺乏劳动能力的继承人，分配遗产时应予以照顾。对被继承人尽了主要扶养义务或与被继承人共同生活的继承人，分配遗产时，可以多分。有扶养能力和有扶养条件的继承人，不尽扶养义务的，分配遗产时，应当不分或少分。继承人协商同意的，也可以不均等。"根据权利义务相一致原则，这一规定对被继承人生前提供了主要的经济来源或在劳动方面尽了主要的扶助义务的继承人提供了特殊保护。

小贴士

继承法规定，继承人协商同意的，分配遗产也可以不均等。

21

有扶养能力与条件的继承人不尽扶养义务，其他继承人对其能占有多少遗产份额发生争执时，怎么办

老年人朱某有两个女儿朱甲、朱乙，大女儿朱甲不赡养老人，为此朱某还曾起诉到法院要求大女儿赡养自己但是她还是不管。小女儿朱乙一直赡养着朱某。2006年朱某去世，留下一处房产。现在大女儿朱甲占着老年人的房子。该处房屋于2009年被拆迁，得到80万元的补偿款。朱甲主张姐妹平分，朱乙提出朱甲有扶养能力和扶养条件，但没有对老人尽赡养义务，主张朱甲应当不分或者少分遗产。双方发生争执，诉至法院。

依据继承法的有关规定，有扶养能力和有扶养条件的继承人，不尽扶养义务的，分配遗产时，应当不分或者少分。如果被继承人生前需要扶养，继承人有扶养能力和扶养条件而不尽扶养义务，则继承人的行为不仅违反社会公德，同时也违反法律规定，在分配遗产时对此类人应当不分或者少分。如果情节特别严重的，还可以确认其丧失继承权。本案中的朱甲有扶养能力和扶养条件，但没有对老人尽扶养义务，应当不分或者少分朱某的遗产。

小贴士

根据婚姻法的规定，不论第一顺序还是第二顺序继承人对被继承人都有法定的扶养义务，继承人范围和继承人顺序的确定除了考虑亲属关系外，也充分考虑到了相互间的扶养的情况。

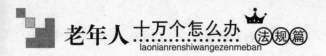
22

由老人供养的非继承人想分得部分遗产，法定继承人不同意时，怎么办

村民周某、肖某夫妇有一子周甲。周某的姐姐、姐夫于 2005 年车祸身亡，留有一智障女儿王某，此后王某一直跟随周某、肖某夫妇一起生活。周某、肖某先后于 2009 年、2010 年去世，留下遗产有房屋 3 间、存款 4 万元等遗产。周甲认为，王某不是周某、肖某的法定继承人，所以无权继承周某、肖某的遗产。

继承法第十四条规定："对继承人以外的依靠被继承人扶养的缺乏劳动能力又没有生活来源的人，或者继承人以外的对被继承人扶养较多的人，可以分给他们适当的遗产。"这说明在我国，在法定继承中，除依法参加继承的法定继承人之外，某些具备法定条件的其他人也有权分得一定的遗产，这就是非继承人的酌情分得遗产权。酌情分得遗产权是既不同于继承权，也不同于受遗赠权的一种由我国继承法规定的特殊性质的权利。实践中，由被继承人供养的非继承人可分得遗产的人依法要求分得遗产，必须同时具备三个条件：本人缺乏劳动能力，本人没有生活来源，本人依靠被继承人生前的扶养。本案中的王某虽然不是周某、肖某的法定继承人，但因为是依靠被继承人扶养的缺乏劳动能力又没有生活来源的人，故享有酌情分得遗产权，周甲不应当剥夺王某的这一权利。

小贴士

继承人以外的人，是指能够实际参加继承的继承人以外的人，并非指法定继承人范围以外的人。

23

立遗嘱处分财产，受到子女干涉时，怎么办

姜老伯和王老太夫妇共育一儿三女，夫妇俩在北京郊区买了一套商品房，该房屋产权登记在姜老伯和王老太两人名下。2003年，姜老伯欲立遗嘱在自己去世后对该房产进行处分，儿女都表示反对，认为按照法定继承比较合理。2005年姜老伯瞒着儿女们立下一份遗嘱，遗嘱指定王老太为其唯一的遗产继承人，如果自己先于王老太离世，所有遗产归王老太所有。2009姜老伯去世后，王老太拿出遗嘱，准备办理房屋过户手续时，姜老伯的儿女又进行阻挠。

姜老伯的儿女反对姜老伯立遗嘱，阻挠王老太依遗嘱继承遗产，是违反继承法规定的。继承法第十六条规定："公民可以依照本法规定立遗嘱处分个人财产，并可以指定遗嘱执行人。""公民可以立遗嘱将个人财产指定由法定继承人的一人或者数人继承。""公民可以立遗嘱将个人财产赠给国家、集体或者法定继承人以外的人。"遗嘱继承、遗赠体现了民法中的私法自治的理念。在我国，遗嘱继承和法定继承都是继承方式之一。遗嘱自由是公民自由权的一项重要内容，任何人都不得非法干涉，合法的遗嘱受法律保护。

小贴士

遗嘱是被继承人生前对其个人财产作出的死后处分，一份真实有效的遗嘱最能反映遗嘱人对自己生前财产及其事务如何处置的真实愿望，它的存在是法律对公民自由处分其财产权的充分尊重。

24

适用遗嘱继承还是法定继承，继承人之间发生争议时，怎么办

　　王甲系被继承人王某的儿子，刘某是王甲的继母。王某于 2003 年 11 月 23 日立公证遗嘱一份，内容为：王某与刘某结婚前所建的正房 5 间及院落归王甲所有；王某与刘某的夫妻共同存款，属于王某的那一半归王甲所有。王某因病于 2008 年 12 月去世，被继承人王某与刘某在银行有存款 25900 元。王某住院期间的医疗费及为王某办理丧葬的费用均由王甲支付。王甲要求按其父亲王某生前所立的遗嘱来分配王某所遗留的财产。刘某认为王某所立遗嘱不公平，应属无效，要求按法定继承分割遗产。两人由此发生了争执。

　　遗嘱继承、法定继承都是我国继承法规定的继承方式，两者的适用条件不同。被继承人死亡后，在下列情形下，遗产按遗嘱继承办理：第一，没有遗赠扶养协议。如果订有遗赠扶养协议，则按照协议办理。第二，存在被继承人生前所立的合法有效的遗嘱。被继承人未立遗嘱或所立遗嘱无效，或者遗嘱中未指定继承人继承的遗产，则不适用遗嘱继承，应按法定继承方式处理。第三，遗嘱继承人没有放弃继承权，也没有因法定事由而丧失继承权，即遗嘱继承人须具备继承资格。

　　本案中，被继承人王某生前立有遗嘱，该遗嘱没有证据证明是无效的，刘某以王某所立遗嘱不公平为由主张无效，没有法律依据。被继承人王某所立遗嘱处分的房屋、存款等遗产按照遗嘱继承，其余遗嘱未处分的遗产，适用法定继承。

小贴士

　　遗嘱继承优先于法定继承，如果遗嘱有效，就不能按法定继承处理，只能按照遗嘱处理遗产。

25

对遗嘱有效性发生怀疑，继承人看法不一时，怎么办

江先生生前立下一份遗嘱，将自己的全部遗产交由儿子继承。拟好后，江先生请朋友张先生为他打印，在打印好的遗嘱上亲笔签名，还有两名证人现场见证，并签字。2010年年初，江先生去世。江先生的女儿认为，父亲生前虽留有遗嘱，但遗嘱不是他亲笔书写，这份遗嘱应是无效遗嘱，故诉至法院，要求按法定继承方式继承江先生的遗产。江先生的儿子则认为，父亲所立遗嘱是他的真实意思表示，并有他的签字，从形式到内容都符合法律规定，应认定为有效遗嘱。遗嘱已明确写明，父亲的个人财产归自己所有，因此，不同意原告的诉讼请求。法院经审理后认为，公民有权处分自己的个人合法财产，法律规定遗嘱方式，是为了体现公民的真实意思表示，驳回了江先生女儿的诉讼请求。

遗嘱是指遗嘱人生前在法律允许的范围内，按照法律规定的方式对其遗产或其他事务所作的个人处分，并于遗嘱人死亡时发生效力的法律行为。

继承人对老年人所立遗嘱是否有效看法不一时，可以向人民法院提起诉讼，由人民法院来确认遗嘱的效力。

我国继承法第十七条第二、三款规定："自书遗嘱由遗嘱人亲笔书写，签名，注明年、月、日。""代书遗嘱应当有两个以上见证人在场见证，由其中一人代书，注明年、月、日，并由代书人、其他见证人和遗嘱人签名。"江先生请朋友帮他打印的遗嘱，可以认定为代书遗嘱。

小贴士

随着科技的进步，电脑、打印机等电子办公设备已步入家庭，用电脑打印书信也越来越被人们所接受。打印件遗嘱是自书遗嘱还是代书遗嘱，是否符合遗嘱书写要求，已成为司法界争议的一个问题。在继承法未作修改之前，为避免发生争议，建议老年人还是以传统书写方式制作遗嘱为妥。

26

精神病患者立遗嘱，继承人对其效力发生争议时，怎么办

张某有两个儿子——张甲、张乙，张某一直跟大儿子张甲一起生活。2007年年底，由于张某患有间歇性精神病，张甲将父亲送到医院治疗。张甲同时带着两个邻居来到医院作为证明人，要求父亲立下遗嘱以防将来出现纠纷。张某于是立下如下遗嘱：自己名下的一处房产由大儿子继承。2010年4月，张某去世。张甲、张乙因房屋产权的继承问题产生纠纷。张甲表示，父亲一直由自己赡养，张乙很少过问，并且遗嘱已指定自己继承房屋，所以父亲留下的房屋应该归自己所有。而张乙则认为，父亲是在医院接受治疗时立下的遗嘱，当时父亲是患有精神病的，不是有行为能力的人，遗嘱应该是无效的，不同意父亲留下的房屋由张甲一人继承。

不能辨认自己行为的精神病患者是无民事行为能力人，由他的法定代理人代理民事活动。不能完全辨认自己行为的精神病患者是限制民事行为能力人，可以进行与他的精神健康状况相适应的民事活动；其他民事活动由他的法定代理人代理，或者征得他的法定代理人的同意。当然，法定代理人并不能代理无民事行为能力人、限制民事行为能力人的所有民事活动，比如立遗嘱就不能代理。

本案中的张某患有间歇性精神病。在张某间歇性精神病发作住院期间，张甲安排其父亲订立遗嘱，显然是有瑕疵的。张某是否具备订立遗嘱所需要的完全民事行为能力，需要人民法院经法定程序认定。如果张某当时不具备完全民事行为能力，那么他所订立的遗嘱就是无效的，其遗产就应当适用法定继承。

小贴士

民法通则按照自然人不同年龄阶段和智力及精神是否正常，将自然人的民事行为能力分为三类：完全民事行为能力、限制民事行为能力和无民事行为能力。

27

遗嘱内容有规定，老年人想知道其内容要求时，怎么办

1999 年老年人张某与程某同居，但没有办理结婚登记。两人共同生活期间先后置办了三处房产。2010 年 7 月，程某感觉身体不适，欲立遗嘱处分自己的财产，但不知道遗嘱应该包括哪些内容。

遗嘱的内容，是遗嘱人在遗嘱中表示出来的对自己财产处分的意思，是遗嘱人对遗产及相关事项的处置和安排。一般说来，遗产的内容应当包括以下方面：

其一，指定继承人、受遗赠人。继承法第十六条第二、三款规定："公民可以立遗嘱将个人财产指定由法定继承人的一人或者数人继承。""公民可以立遗嘱将个人财产赠给国家、集体或者法定继承人以外的人。"无论遗嘱人采用何种方式订立遗嘱，遗嘱中必须首先指定遗嘱继承人或受遗赠人。

其二，确定遗产分配办法或份额。遗嘱人应当在遗嘱中列明自己留下的财产清单，说明财产的名称、数量以及存放地方。指定由数个遗嘱继承人共同继承的，应说明指定继承人对遗产的分配办法或每个人的应继份额。

其三，说明对遗嘱继承人、受遗赠人附加的义务。遗嘱人可以在遗嘱中要求遗嘱继承人或受遗赠人承担一定的义务，如遗嘱中可以指明某继承人或某受遗赠人应当将某项财产用于特定用途，也可以指定继承人承担其他的义务。

其四，其他内容。遗嘱人可在遗嘱中指定遗嘱执行人、订立遗嘱的时间和地点等。

小贴士

老年人不知道遗嘱应该包括哪些内容可以参照上述 4 点来确定，或者通过向律师等专业人士寻求帮助来解决该问题。

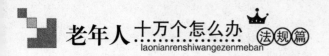
28

自书遗嘱与日记记载不同，继承人对这类遗嘱发生争议时，怎么办

保姆黄某与老年人李某自2003年起同居。两人共同生活期间，李某购买了一处房产。2008年，李某立了一份自书遗嘱，内容为："本人身体不好，唯恐不测，特立遗嘱将名下的一切财产归属黄某所有。"2010年1月，李某病故。儿子李甲与黄某交涉，准备继承父亲的遗产。黄某则认为，尽管李某跟她结婚时没登记，但按照李某立下的自书遗嘱，她有权继承全部遗产。李甲提出，其父在2009年8月的日记中写道："房子还是给儿子李甲，其他财产可以给保姆黄某。"李甲认为其父日记记载的内容是一份新的遗嘱，否定了2008年订立的遗嘱。双方对李某的遗嘱认识不一，产生争议，诉诸法院。

法院经审理后认为，李某于2008年订立的自书遗嘱系其真实的意思表示，符合法律规定要件，李甲所提的李某在日记中所作的财产处理，因不符合继承法关于自书遗嘱的要求，不能认定为自书遗嘱，因此该日记不能否定李某先前所立遗嘱的内容。

继承法第十七条第二款规定："自书遗嘱由遗嘱人亲笔书写，签名，注明年、月、日。"继承法意见第40条规定："公民在遗书中涉及死后个人财产处分的内容，确为死者真实意思表示，有签名并注明了年、月、日，又无相反证据的，可按自书遗嘱对待。"自书遗嘱，是指遗嘱人亲笔制作的书面遗嘱。自书遗嘱并不需要见证人。如果有数份遗嘱，经过公证的遗嘱效力最高；如果有数份经过公证的遗嘱，日期为最后日期的那份遗嘱效力最高。遗嘱最好是自己亲笔书写，因为有个人的笔迹为证。

小贴士

自书遗嘱尽量不要涂改、增删，如需涂改、增删，应当在涂改、增删内容的旁边注明涂改、增删的字数，且应在涂改、增删处另行签名。

29

公证遗嘱具有很好法律效力，老年人想办理这类遗嘱时，怎么办

王女士现年72岁，丈夫多年前去世，有一子一女。2008年12月，王女士大病一场，身体恢复后就一直琢磨自己的后事。王女士儿子经济条件好些，只有女儿因为下岗日子过得艰难。两个子女其实都很孝顺，可做母亲的不忍心让女儿过得太艰难。她想了几个月，决定把房子留给女儿。王女士担心孩子们为了这个闹别扭，打算办理公证遗嘱。

我国继承法规定了5种遗嘱形式，即公证遗嘱、自书遗嘱、代书遗嘱、录音遗嘱和口头遗嘱。公证遗嘱是指经过公证机构公证的遗嘱。公证遗嘱在各种形式遗嘱中证明效力最高。继承法意见第42条规定："遗嘱人以不同形式立有数份内容相抵触的遗嘱，其中有公证遗嘱的，以最后所立公证遗嘱为准；没有公证遗嘱的，以最后所立的遗嘱为准。"

公证遗嘱需由遗嘱人亲自到公证机构按照公证法的规定办理，他人不得代理。公证遗嘱需用书面形式，遗嘱人亲笔书写遗嘱的，要在遗嘱上签名或盖章，并注明年、月、日；遗嘱人口授遗嘱的，需由公证人员作成笔录，经公证人员向遗嘱人宣读确认无误后，由公证人和遗嘱人签名盖章，并注明设立遗嘱的地点和年、月、日。公证机构经审查，认为遗嘱公证申请提供的证明材料真实、合法、充分，申请公证的事项真实、合法的，应当向当事人出具公证书。公证书应当按照国务院司法行政部门规定的格式制作，由公证员签名或者加盖签名章并加盖公证机构印章。公证书自出具之日起生效。公证机构应当将公证文书分类立卷，归档保存。

小贴士

公证法第三十六条规定："经公证的民事法律行为、有法律意义的事实和文书，应当作为认定事实的根据，但有相反证据足以推翻该项公证的除外。"

30

立过多份遗嘱，继承人发现其中内容不太一致时，怎么办

楚某 2010 年 8 月 5 日去世，留下两份遗嘱，一份是 2001 年 7 月 1 日所立，明确将遗产两套房屋由他的两个儿子楚甲和楚乙各继承一套，并办理了公证；另一份是 2008 年 5 月 7 日所立，指定两套房子全部由次子楚乙继承。楚某死后两个儿子为此发生争执。楚乙认为遗嘱应以最后一份为准，应由他一人继承两套房屋；楚甲则认为第一份遗嘱进行了公证，具有最高法律效力，两套房屋应由兄弟两人共同继承。双方无法协商解决，诉至法院。法院经审理认为，本案中两份遗嘱，应以第一份公证遗嘱为准。分割楚某的财产时，兄弟俩应各分得一套房屋。楚甲的主张确应受到法院的支持。

关于遗嘱人立有数份内容不同的遗嘱，应该以哪份为准的问题，继承法第二十条规定："遗嘱人可以撤销，变更自己所立遗嘱，立有数份遗嘱，内容相抵触的，以最后的遗嘱为准。自书、代书、录音、口头遗嘱，不得撤销变更公证遗嘱。"根据这一规定，如果遗嘱人立有数份遗嘱，均未办理公证应以最后遗嘱为准。但是数份遗嘱中，如果有一份办理了公证，不论先后，应以公证遗嘱为准。

小贴士

公证机构根据自然人、法人或者其他组织的申请，办理下列公证事项：合同；继承；委托、声明、赠与、遗嘱；财产分割；招标投标、拍卖；婚姻状况、亲属关系、收养关系；出生、生存、死亡、身份、经历、学历、学位、职务、职称、有无违法犯罪记录；公司章程；保全证据；文书上的签名、印鉴、日期，文书的副本、影印本与原本相符；自然人、法人或者其他组织自愿申请办理的其他公证事项。法律、行政法规规定应当公证的事项，有关自然人、法人或者其他组织应当向公证机构申请办理公证。

31

遗嘱内容应当合法，继承人对其合法性产生争议时，怎么办

张老太和李老爹夫妇一起生活了40年，育有两个儿子。2008年年底，李老爹在临终前立了一份自书遗嘱，内容主要是由大儿子全权处理自己的后事，所余钱物由两个儿子平分。张老太对夫妻共有的住房只有居住权，可在此居住至终老，房子最后由长子继承。遗嘱中没有涉及张老太的继承份额。李老爹去世后，张老太越想越不对劲，找儿子协商重新进行财产分割，没有达成一致意见。为维护自己的合法权益，张老太诉至法院，要求把住房判归自己，同时要求将自己与丈夫的共同财产依法分割。

遗嘱的内容必须合法，如果遗嘱与现行法律、法规相抵触，这样的遗嘱就是无效遗嘱。李老爹所立遗嘱把张老太和李老爹夫妇的共同财产都作了处分，显然违反婚姻法等法律的规定。婚姻法第十七条规定："夫妻在婚姻关系存续期间所得的下列财产，归夫妻共同所有。……夫妻对共同所有的财产，有平等的处理权。"继承法第二十六条规定："夫妻在婚姻关系存续期间所得的共同所有的财产，除有约定的以外，如果分割遗产，应当先将共同所有的财产的一半分出为配偶所有，其余的为被继承人的遗产。遗产在家庭共有财产之中的，遗产分割时，应当先分出他人的财产。"李老爹只能处分自己的个人财产和夫妻共同财产的一半，把全部夫妻共同财产都作了处分，侵害了张老太的合法权益，因此，李老爹的遗嘱只是部分有效。法院将支持张老太维护自己财产权益的主张。

小贴士

人们立遗嘱，是为了将自己的财产留给自己想留给的人。然而，这种愿望能否实现，还要看遗嘱的内容是否符合法律规定。

32

自书遗嘱格式有所要求，老年人想知道其撰写要求时，怎么办

老年人杜某准备立这样一份遗嘱：自己去世之后，包括住房在内的全部遗产归女儿所有；女儿应当妥善照顾继母的晚年生活。杜某虽然有一定文化水平，但不知道自书遗嘱应该怎样写？

自书遗嘱，是指遗嘱人亲笔制作的书面遗嘱。继承法第十七条第二款规定："自书遗嘱由遗嘱人亲笔书写、签名，注明年、月、日。"自书遗嘱包括首部、正文和尾部。

首部。包括标题及立遗嘱人基本情况。标题"遗嘱"两字不能省略。

正文。内容包括：（一）写明遗嘱人订立遗嘱的原因；（二）写明订立遗嘱人所有的财产名称、数额及所在地；（三）写明遗嘱人对遗产的处理意见；（四）写明所订立遗嘱的份数；（五）写明订立遗嘱的时间和地点。

尾部。分别由立遗嘱人、见证人、代书人等签名或盖章，另外要写明遗嘱的日期。

小贴士

自书遗嘱格式

遗 嘱

立遗嘱人×××，男／女，现年××岁，住××省××市××路××号。

身份证号码：×××××××××××××××××

我自愿立此遗嘱，对本人所有的财产及有关事项，作如下处理：

一、坐落在××省××市××街××号的房产（房产证号：×××）遗留给我的妻子×××。

二、储蓄在××银行××储蓄所的定期（或活期）存款×万元遗留给我的女儿×××，该款指定我女儿个人所有。

三、其余财产：××（财产名称）全部遗留给我的儿子×××，该项财产指定我儿子个人所有。

三、其他事项。

本遗嘱委托×××（男／女，现年××岁，住××省××市××街××号）执行。

本遗嘱制作一式三份，一份由我收执，一份交×××收执，一份由×××公证处保存。

立遗嘱人（签名、盖章）：

订立时间：××××年××月××日。

订立地点：××省××市××路××号。

33

撰写遗嘱有一定难度，老年人没有撰写能力时，怎么办

　　村民李老爹现年 85 岁，老伴于 5 年前去世，有两子一女，个人财产有一栋三层小楼住房，存款 8 万元，为了避免自己去世后子女因遗产继承产生家庭纠纷影响亲属之间的和睦关系，现打算立遗嘱处分自己的财产。李老爹不识字，无书写能力，怎么办？

　　遗嘱是遗嘱人对自己的财产或其他事项所作的处理，最好由遗嘱人自己完成。但是，遗嘱人不识字或不能书写，可以委托他人代写遗嘱。代书遗嘱是指遗嘱人口头叙述遗嘱内容，经由他人代为书写而制作的遗嘱。由于代书遗嘱经常适用于遗嘱人无书写遗嘱能力的情况，因此法律对代书遗嘱的规定较为严格。继承法第十七条规定："代书遗嘱应当有两个以上见证人在场见证，由其中一个代书，注明年、月、日，并由代书人、其他见证人和遗嘱人签名。"

　　制作代书遗嘱应注意以下几点：第一，遗嘱人口述遗嘱内容，由见证人代替遗嘱人书写遗嘱。代书人应如实记载遗嘱人口述的遗嘱内容，不可对遗嘱内容作出任何更改或修正。第二，代书遗嘱必须有两个以上见证人在场见证，其中一人可为代书人。第三，代书人、见证人和遗嘱人必须在遗嘱上签名，并注明年、月、日。代书人将书写完毕的遗嘱，应交由其他见证人核实，并向遗嘱人当场宣读，经遗嘱人认定无误后，由代书人、其他见证人和遗嘱人签名，并注明具体日期。

　　代书遗嘱的方式可以很好地解决老年人立遗嘱过程中因无书写能力所产生的难题。

34

请人代书遗嘱，继承人对其效力发生争议时，怎么办

某市孙家有兄妹两人，前一年年底孙老爹因病去世。大哥孙甲现在拿出一份父亲生前立下的遗嘱，上面写道："家中两居室的房子由大儿子孙甲继承，孙甲须将母亲养老送终。"原来，老父亲在住院期间口述了一份遗嘱，由大儿子孙甲代书，还找来老邻居林某、霍某做见证人，共同在遗嘱上签字。妹妹孙乙认为该遗嘱效力存在问题，遂起诉到法院，请求认定遗嘱无效。法院认定，由于孙老爹所立代书遗嘱是由继承人孙甲所写，与遗产有利害关系，因此所立代书遗嘱不符合代书遗嘱法定要求，该代书遗嘱无效。

依照法律规定，由遗嘱人口述，而由他人代为书写形成的遗嘱，叫作代书遗嘱。代书遗嘱的程序规定很严格，应先找两名以上经立遗嘱人认可的，与继承无利害关系的见证人，由立遗嘱人口述遗嘱内容并由其中一名见证人如实记录，书写完毕经立遗嘱人确认准确无误后，由代书人注明订立遗嘱的年、月、日和地点，并记明代书人姓名，最后由立遗嘱人和见证人签名。遗嘱代书人必须是与继承遗产无利害关系的人。继承人、受遗赠人和与继承人、受遗赠人有利害关系的人，由于他们与继承死者的遗产有切身之利害关系，因此，不能作为遗嘱代书人。

小贴士

继承法意见第 36 条规定："继承人、受遗赠人的债权人、债务人，共同经营的合伙人，也应当视为与继承人、受遗赠人有利害关系，不能作为遗嘱的见证人。"

35

为确保真实可靠，老年人欲立录音遗嘱时，怎么办

钱某是某公司的董事长，有一子一女，近几年生意较好，赚了不少钱，但是应酬也多，常常喝酒，血压也高，担心有一天自己突然就不在人世了。为了避免自己去世后，家人为了遗产引起纷争，钱某一个人在办公室里立下了一份录音遗嘱：所有遗产归女儿继承。录好遗嘱的磁带被存放在自己办公桌抽屉里。2010年5月的一天钱某病发，经抢救无效死亡。家人发现了这盘录音磁带。钱某的儿子，心有不甘，于是诉至法院，要求按照法定继承方式分配遗产。法院经审理后认为：该遗嘱由于存在录音遗嘱生效要件的缺陷，所以该遗嘱无效，应当按照法定继承分配遗产。

录音遗嘱是指以录音磁带、录像磁带记载的遗嘱。由于录音、录像容易被他人复制、剪接、伪造等，为保证这种遗嘱能反映遗嘱人的真实意思表示，继承法第十七条第四款规定："以录音形式立的遗嘱，应当有两个以上的见证人在场见证。"录音遗嘱须符合以下要求：第一，必须由遗嘱人亲自制作，并亲自叙述遗嘱的全部内容；第二，必须请两个以上的见证人在场作证；第三，录音开始时，遗嘱人、见证人必须分别说明自己的姓名、性别、年龄、籍贯、职业、所在工作单位和家庭住址等个人信息；第四，遗嘱人必须说明制作录音遗嘱的具体地址和年、月、日、时；第五，录音制作完毕，应当密封保存，并在封面上由遗嘱人、见证人签名，注明年、月、日。然后，由遗嘱人或交见证人保管；第六，继承开始，由见证人及继承人到场并检验封皮的完好情况。老年人欲设立录音遗嘱，应当按照上述要求和程序来制作。

小贴士

由于遗嘱见证人证明的真伪直接关系到遗嘱的效力和遗产的处置，因此继承法对遗嘱见证人的资格作了严格规定。

36

口头遗嘱信任度低，继承人对其效力发生争议时，怎么办

丧妻的老年人齐师傅有一儿一女。2008年1月，齐师傅突发脑溢血住进医院，由女儿护理。因当时生命垂危，齐师傅便将女儿叫到床边，口头立下遗嘱，将自己的全部财产给女儿。立遗嘱时有一名律师和一名医生在场见证。一个月后，齐师傅经治疗转危为安，痊愈出院。不幸的是，齐师傅于2010年2月因再次突发脑溢血死亡。在分割遗产时，女儿主张应当按照老人的口头遗嘱办理；儿子则主张按法定继承分割遗产。双方为此争执不休，后诉至法院。法院经审理后判决，齐师傅所立口头遗嘱无效，其遗产应按法定继承分割。

口头遗嘱是遗嘱人以口头表述的方式设立而不以其他方式记载的遗嘱。口头遗嘱制作方便、简单，但容易被篡改、伪造而产生纠纷。世界各国和地区继承立法均对口头遗嘱加以一定的限制。继承法第十七条第五款规定：

"遗嘱人在危急情况下，可以立口头遗嘱。口头遗嘱应当有两个以上见证人在场见证。危急情况解除后，遗嘱人能够用书面或者录音形式立遗嘱的，所立的口头遗嘱无效。"因此，口头遗嘱应是遗嘱人在危急情况下所立的遗嘱。所谓"危急情况下"，是指遗嘱人生前生命危笃之际。如病危、乘车船遇险等生死难卜的情况。依据上述规定，齐师傅虽在危急情况下立口头遗嘱，也有两位见证人，但在痊愈出院，危急情况解除后，齐师傅能够用书面或者录音形式立遗嘱而未立遗嘱，故原先所立的口头遗嘱无效。

小贴士

无行为能力人或者限制行为能力人所立的口头遗嘱无效。

37

欲变更或撤销所立遗嘱，老年人想知道其手续履行时，怎么办

林先生现年 75 岁，老伴已去世多年，有两个儿子林甲和林乙。一直以来，林先生和大儿子林甲共同生活。一年前，林先生曾经到公证机关立下遗嘱，百年后全部财产归大儿子林甲继承。现二儿子林乙失业，生活困难，林先生打算变更原遗嘱，改为两个儿子林甲和林乙共同继承，但不知道应该怎样办才合法？

遗嘱是遗嘱人生前按照法律规定的方式处理自己的财产及与此有关的事务而在死后发生效力的单方面的民事行为。依据继承法第二十条第一款的规定，遗嘱人可以撤销、变更自己所立的遗嘱。遗嘱的变更是指遗嘱人在遗嘱设立以后，生效以前对自己所立的遗嘱内容进行修改；遗嘱的撤销是指遗嘱人取消原来所立的遗嘱，使还没有发生法律效力的遗嘱在将来不因其死亡而发生法律效力。

遗嘱的变更或撤销有以下三种方式：一是以书面形式声明撤销或变更原遗嘱，但不得以自书、代书、录音、口头方式撤销公证遗嘱。二是以立新遗嘱的方式使原遗嘱丧失法律效力，如果遗嘱人立有数份遗嘱，内容相抵触的，以最后的遗嘱为准。遗嘱人以不同形式立有数份内容相抵触的遗嘱，有公证遗嘱的，以最后所立公证遗嘱为准；没有公证遗嘱的，以最后的遗嘱为准。三是遗嘱人的行为与遗嘱相抵触时，其抵触行为则被视为对原遗嘱的撤销或变更。遗嘱人生前的行为与遗嘱的意思表示相反，而使遗嘱处分的财产在继承开始时灭失，部分灭失或所有权转移，部分转移的，遗嘱视为被撤销或部分被撤销。林先生可以选择一种遗嘱变更方式。

小贴士

遗嘱的变更或撤销与遗嘱的设立一样，不适用代理。遗嘱的变更或撤销必须由遗嘱人自己作出，所以遗嘱的变更、撤销应在遗嘱人生存期间进行。

38

多份遗嘱内容相抵触，继承人遇到这种情况时，怎么办

黄某早年丧妻，有长子甲、次女乙和三子丙。甲、乙已结婚，乙在外地居住，黄某和长子甲一起生活。黄某于2003年立下自书遗嘱，指定全部遗产存款8万元和房屋一处由甲继承。2005年黄某搬到外地乙家居住，受到乙夫妇的周到照顾，遂又立下自书遗嘱，指定将其8万元存款给乙，房屋一处给丙，并进行了公证。2008年黄某病重住进医院，丙对黄某毫不关心，黄某极为恼怒，在其弥留之际，当着律师和医生的面立下口头遗嘱，将其所有遗产交由乙一人继承。黄某去世后，甲持自书遗嘱，丙持公证遗嘱，乙根据口头遗嘱，均要求继承其父遗产。

我国允许通过立遗嘱的方式分配遗产。一个遗嘱人立有数份遗嘱的现象，在现实生活中也不少见，这时应区别情况确定各遗嘱的效力：第一，要对各遗嘱的合法性进行审查，看其是否全部无效或部分无效。第二，如果有两个以上均为有效的遗嘱，其遗嘱内容不相抵触的，则各遗嘱分别发生其效力，遗嘱执行人应按各遗嘱内容执行。第三，如果两个以上有效遗嘱的内容互相抵触，则应视不同情况区别对待。立有数份遗嘱，内容相抵触的，以最后的遗嘱为准。如果其中有公证遗嘱，以公证遗嘱内容为准。第四，数份内容相互矛盾的遗嘱，如果其中没有公证遗嘱，其他形式的遗嘱又没有注明订立遗嘱的年、月、日，无法确定时间先后的，这些遗嘱全部无效，遗产按法定继承方式处理。

小贴士

公证遗嘱是经过国家公证机关办理的形式最完备、真实性最强的遗嘱。因此，公证遗嘱与其他形式的遗嘱相比，有更强的法律效力。

39

为保遗嘱履行，老年人欲设遗嘱执行人时，怎么办

戴先生长期从事国际投资业务，几千万元的家庭财产分布在国内外多处。戴先生经历过两次婚姻，家庭关系比较复杂。财产状况除了戴先生自己外再没人清楚了。他非常担心自己哪天如有不测，到时妻子和儿女们会在遗产继承问题引起纠纷，于是他立了遗嘱，并在遗嘱中指定一位执业律师担任遗嘱执行人。一旦戴先生身故，这位遗嘱执行人将召集其所有被继承人，公布遗嘱，监督遗产的继承和分割。

遗嘱执行人是指有权按照遗嘱人的意愿使遗嘱内容实现的人或组织。遗嘱执行人应具备一定的条件或资格。遗嘱执行人应具备以下条件：第一，遗嘱执行人为自然人的，需为完全民事行为能力人。第二，被指定的遗嘱执行人应同意就职。因违反职责而丧失遗嘱执行资格或放弃遗嘱执行人资格的，不能作为遗嘱执行人。戴先生指定遗嘱执行人，有助于遗嘱的顺利执行。

遗嘱执行人制度能够有效防范和化解遗产继承中的矛盾，促进家庭和睦、社会和谐，是目前解决遗产处置问题较好的方案。

小贴士

遗嘱执行人的主要职责是：一、审查遗嘱是否合法有效；二、召集全体继承人和受遗赠人，向其公布遗嘱内容：三、清理遗产，制作遗产清单，确定遗产范围、价值，并将该清单交付给继承人和受遗赠人；四、妥善地管理和保护遗产；五、按照遗嘱内容将遗产交付给遗嘱继承人和受遗赠人；六、当出现妨碍遗嘱执行人执行遗嘱时，遗嘱执行人有权要求排除妨碍。

40

继承配偶遗产，老年人怀疑遗嘱执行人行为不端时，怎么办

老年人向某于 2006 年 11 月遭遇车祸，去世前曾立下代书遗嘱，将存款、房产和股票分成 4 份，妻子李某、女儿向甲、儿子向乙和"友人"季某各得一份。遗嘱指定代书人张某为遗嘱执行人。2007 年 5 月底，遗嘱执行人张某按照向某所立遗嘱，将其遗产全部分配完毕。2007 年 6 月，李某向人民法院提起诉讼，称向某的遗嘱有关遗赠"友人"季某的内容违法，遗嘱执行人张某将遗产分配给季某不妥，怀疑遗嘱执行人行为不端，应当收回季某的不当得利。

本案是关于遗嘱执行的纠纷。所谓遗嘱的执行，是指在遗嘱发生法律效力以后，为实现遗嘱人在遗嘱中对遗产所作出的积极的处分行为以及其他有关事项而采取的必要行为。遗嘱执行是实现遗嘱继承的重要步骤，对于实现遗嘱人的生前意志，保护遗嘱继承人和受遗赠人的利益有着重大的意义。遗嘱执行以合法有效的遗嘱为前提，无效遗嘱没有遗嘱的执行问题。

遗嘱的执行效力从遗嘱生效之日即遗嘱人死亡之日起。

我国继承法未明文规定遗嘱执行人的职责。按照继承法的立法精神，遗嘱执行人在表示愿意担任遗嘱执行人以后，就必须忠实地实现遗嘱人的遗愿，全面地、真实地执行遗嘱，维护继承人和受遗赠人的合法权益，这是遗嘱执行人最根本的职责。

小贴士

遗嘱人可以在遗嘱中指定执行人，被指定的人就是遗嘱执行人。如果遗嘱人没有指定遗嘱执行人，在实践中通常由法定继承人作为遗嘱执行人。在既不存在遗嘱指定执行人，又没有法定继承人或法定继承人因故不能作为遗嘱执行人的情况下，可由遗嘱人所在单位或遗嘱人最后居住地的基层组织，如村民委员会或居民委员会，作为遗嘱执行人。

41

遗赠受法律保护，当子女主张其协议无效时，怎么办

丧偶的于老爹有三个子女，其中两个远在外地工作，另一个儿子在当地工作，于老爹和远房侄女于甲一起生活。于甲对老人照顾很多，从2000年9月开始，于甲照顾老人的起居，每月从老人那里得到一定的报酬。2002年12月于老爹立下遗嘱，其中说到自己的起居都依靠于甲无微不至的照顾，他自愿将以自己名义购买的一套房改房在百年之后赠给于甲。立下遗嘱后不到一个月，老人就去世了。当于甲拿着遗嘱准备"顺理成章"正式入住这套房子时，却被老人的子女赶了出来。无奈之下，于甲将老人的子女告上法庭，请求确认老人的房子归自己所有。

继承法第十六条第三款规定："公民可以立遗嘱，将个人财产赠给国家、集体或者法定继承人以外的人。"遗赠有效的基本条件包括：一是遗赠人必须具有遗赠能力，二是未侵害缺乏劳动能力又没有生活来源的继承人的合法权益，三是遗赠人没有丧失受遗赠权即对财产享有处分权，四是受遗赠人在遗嘱生效时生存，五是遗产在遗赠人死亡时客观存在。此外，受遗赠人应当在知道受遗赠后两个月内，应当作出接受或放弃受遗赠的表示，到期没有表示的，视为放弃受遗赠。

小贴士

公民处理自己的合法财产受法律保护，老年人将自己的住房和其他个人财产，用立遗嘱的方式遗赠与他人，是符合法律规定的，任何人都无权干涉。

42

欲把遗产赠与所在单位，老年人想知道这种做法是否合适时，怎么办

王某自丈夫和儿子去世后，年老体弱，患病期间无人照顾，由其退休前所在集体所有制单位派人护理。王某患病后，单位又安排职工照料其日常生活。王某对此甚为感激，于 2008 年 6 月公证遗嘱，死后其名下的房产无偿赠与所在单位。2009 年 1 月，王某去世，单位依遗嘱将其房产收归集体所有。王某的孙子李某以其母为法定代理人向人民法院提起诉讼，主张继承王某的遗产。

遗赠是指自然人采取遗嘱方式将其财产的一部或全部赠给国家、集体或者法定继承人以外的人，并于遗嘱人死亡后发生法律效力的单方民事行为。继承法第十六条规定："公民可以立遗嘱将个人财产赠给国家、集体或者法定继承人以外的人。"遗赠具

有以下法律特征：第一，遗赠是一种单方行为。受遗赠人是否接受遗赠，并不影响遗赠的有效成立。第二，遗赠是一种死因行为。遗赠必须在遗嘱人死后生效。第三，受遗赠人是国家、集体或者法定继承人以外的人。第四，遗赠是一种无偿行为。遗赠人给予他人以财产只能是积极的财产，而不能是消极财产（财产义务），是遗嘱人对自己财产的无偿转让。

小贴士

公民立遗嘱将个人财产赠给国家、集体或者法定继承人以外的人，是公民行使财产处分权的表现，他人无权干涉。

43

遗赠扶养协议应当全面履行，扶养人履行义务有瑕疵时，怎么办

老年人赵甲是智障人，无配偶和子女，自二十世纪八十年代初期我国农村实行分田到户后，赵甲的土地就由其外甥王某耕种，其生活起居也均由王某照顾。2002 年 5 月 8 日，王某与赵甲经所在村村民委员会同意，签订了遗赠扶养协议。协议约定由王某照顾赵甲的吃住及生活问题，赵甲的正常生活、房屋修建、生老病死全部由王某承担，房产及其他财产则全部遗赠给王某。王某在该协议签署后，在履行义务方面存在一些瑕疵，如赵甲生前的医疗费 1200 余元和 2010 年去世后的部分丧葬费是由赵甲的姐姐赵乙支付的。因此，赵乙认为，王某没有尽到扶养义务，无权接受遗赠。

在遗赠扶养协议中，扶养人承担该公民生养死葬的义务，享有受遗赠的权利。扶养人或集体组织与公民订有遗赠扶养协议，扶养人或集体组织无正当理由不履行，致协议解除的，不能享有受遗赠的权利，其支付的供养费用一般不予补偿；遗赠人无正当理由不履行，致协议解除的，则应偿还扶养人或集体组织已支付的供养费用。衡量生养义务是否履行，主要是看扶养人是否按照遗赠扶养协议中约定的扶养方式和内容履行，从而达到了协议约定的遗赠人受扶养的程度。一般来说，遗赠人生前对扶养人的扶养未表示异议的，可视为扶养人已尽到了生养的义务。对死葬义务的履行，则不应过分强调。本案中，虽然赵乙付过 1200 余元医疗费和去世后的部分丧葬费，但毕竟王某照顾赵甲 28 年，履行遗赠扶养协议也有 8 年之久。

小贴士

遗赠扶养协议是我国法律上的有自己特色的一种遗产转移的方式，是对我国民间长期存在的遗赠扶养实践经验的一种总结和肯定。

44

遗赠扶养协议一经签订即生效，继承人对其效力发生争议时，怎么办

赵老太年老体弱，身患多种慢性病。儿子刘某患有癫痫病，时常发作，母子俩一直相依为命。2008 年 7 月，已年逾八旬的赵老太将远在外地的亲戚朱某叫到身边来照顾自己及儿子的生活。2008 年 10 月，赵老太与朱某签订了一份遗赠扶养协议，约定朱某照顾赵老太和她的儿子刘某一辈子。赵老太所有的一套 39 平方米的住房赠送给朱某。此后，朱某一直照顾赵老太和她儿子。2009 年，赵老太因病去世，其子刘某也于 2010 年去世。朱某凭遗赠扶养协议欲继承赵老太留下的住房，但赵老太的哥哥不答应，认为朱某照顾赵老太和她儿子时间不长，得到住房不合理。双方由此发生争执。

遗赠扶养协议一经签订即发生效力，遗赠扶养协议的效力可分为对当事人双方的内部效力和对其他人的外部效力。遗赠扶养协议的内部效力体现在当事人双方的权利义务。扶养人对遗赠人有生养，死葬的义务。遗赠人死后，扶养人负有安葬遗赠人的义务。扶养人履行了扶养义务，在遗赠人死后，享有受遗赠的权利，即取得遗赠人遗产的权利。遗赠人有受领扶养的权利和不随意处分财产的义务，遗赠人无正当理由不履行义务致使协议解除的，应返还扶养人或集体组织已支付的供养费用。遗赠扶养协议的外部效力，表现为遗赠扶养协议是遗产处理的依据，并在遗产处理时排斥法定继承、遗嘱继承和遗赠。遗赠扶养协议一经签订即生效，扶养时间长短不影响协议的效力。

小贴士

继承法第五条明确规定："继承开始后，按照法定继承办理；有遗嘱的，按照遗嘱继承或者遗赠办理；有遗赠扶养协议的，按照协议办理。"

45

遗嘱与遗赠扶养协议先后签订，当两份协议内容发生矛盾时，怎么办

　　王甲的妻子早逝，有一独子王乙。2007年12月王甲立下一份遗嘱，写明自己名下的一套房产去世后由王乙继承。王乙经常去外地出差，无法照顾年迈的父亲，便委托表妹韩某照顾。韩某细心照顾老人，使老人很受感动，于是双方签订了一份遗赠扶养协议，约定老人生前由韩某照顾，去世后将自己名下的一套房产由韩某继承，并到公证处作了公证。不久，王甲去世。王乙与韩某分别拿出遗嘱和遗赠扶养协议，各不相让，发生了争执。

　　我国继承规定了法定继承、遗嘱继承方式和遗赠、遗赠扶养协议非继承方式。适用法定继承、遗嘱继承、遗赠、遗赠扶养协议，均可获得死者的遗产。但这些获得遗产的方式是有先后顺序的。继承法第五条规定："继承开始后，按照法定继承办理；有遗嘱的，按照遗嘱继承或者遗赠办理；有遗赠扶养协议的，按照协议办理。"针对同时订有遗嘱和遗赠扶养协议的情形，继承法意见第5条规定："被继承人生前与他人订有遗赠扶养协议，同时又立有遗嘱的，继承开始后，如果遗赠扶养协议与遗嘱没有抵触，遗产分别按协议和遗嘱处理；如果有抵触，按协议处理，与协议抵触的遗嘱全部或部分无效。"本案中，王甲生前与韩某订有遗赠扶养协议，同时又立有遗嘱，且两者内容抵触，应当按照继承法和继承法意见的规定，由韩某获得王甲遗留的房产。

　　遗嘱与遗赠扶养协议并存，遗赠扶养协议的效力具有优先性，不按照签署时间确定两者的效力强弱。

46

儿子先父母去世，老年人想继承儿子遗产时，怎么办

贾老爹现年 72 岁，一直随同儿子一家生活。儿子小贾做生意亏损，欠下不少债务。小贾不久前又遭遇车祸去世。儿子留下了一些遗产，儿媳考虑到公公今后的生活，主动放弃了遗产的继承权，所有的遗产都给了贾老爹。但这些遗产还不够偿还债务。债主们在小贾去世以后，纷纷上门讨债，要把小贾的全部遗产拿去抵偿债务。双方最后诉至法院。

依据婚姻法、继承法的有关规定，如果子女先于父母去世，对于已故子女的遗产，父母有法定继承权。老年人权益保障法第十九条规定："老年人有依法继承父母、配偶、子女或者其他亲属遗产的权利。有接受赠与的权利。"另外，合法的债务也受法律保护，为维护债权人的利益，继承法第三十三条规定："继承遗产应当清偿被继承人依法应当缴纳的税款和债务，缴纳税款和债务以他的遗产实际价值为限。超过遗产实际价值部分，继承人自愿偿还的不在此限。继承人

放弃继承的，对被继承人依法应当缴纳的税务和债务可以不负偿还责任。"但考虑到清偿债务可能使某些继承人无法生活，故继承法意见第 61 条特别规定，继承人中有缺乏劳动能力又没有生活来源的人，即使遗产不足清偿债务，也应为其保留适当遗产，然后再按继承法第三十三条的规定清偿债务。本案中，即使小贾的遗产不够抵债，贾老爹也仍然可以继承儿子的遗产。

小贴士

继承法意见第 62 条规定："遗产已被分割而未清偿债务时，如有法定继承又有遗嘱继承和遗赠的，首先由法定继承人用其所得遗产清偿债务；不足清偿时，剩余的债务由遗嘱继承人和受遗赠人按比例用所得遗产偿还；如果只有遗嘱继承和遗赠的，由遗嘱继承人和受遗赠人按比例用所得遗产偿还。"

47

子女把继承权作为赡养条件，放弃继承权的子女不愿赡养老人时，怎么办

李老太现年 81 岁，30 多年来一直和女儿一家一起生活。李老太另有一个儿子，生活工作均在另一城市，平时联系较少。李老太年纪大，又患有高血压、心脏病等多种疾病，每年要住院好几次，女儿既要护理老人又要照顾自己的小孩，还要负担老人的住院费用，负担很重。女儿提出，儿子既不出钱，也不出力，更不用说对老母亲的精神慰藉了，显然没有尽到赡养的义务。儿子却说，当初分家析产时，他就放弃了对李老太的继承权，所以现在他已经没有赡养母亲的义务了。

赡养老人不仅是传统美德，也是赡养人的法定义务。赡养人的继承权可以在老人去世后放弃，赡养义务却不能免除。老年人权益保障法第十五条规定："赡养人不得以放弃继承权或者其他理由，拒绝履行赡养义务。"婚姻法第二十一条规定："子女不履行赡养义务时，无劳动能力的或生活困难的父母，有要求子女给付赡养费的权利。"显然，不论是否放弃继承权，都不能免除赡养义务。李老太的儿子强调在分家析产中就放弃继承权的说法，也是错误的。分家析产的限制不同于继承，且放弃继承的意思表示，应当在继承开始后、遗产分割前作出。

小贴士

赡养父母的义务是法定的、无条件的、必须履行的。赡养人不得以任何理由，附加任何条件来拒绝履行这一义务。

48

老人去世，继承人无法支取银行存款时，怎么办

小李的父亲老李于 2008 年 9 月因公死亡。老李所在单位将其生前最后一个月工资 7100 元存入某银行。现老李因公死亡，小李要求银行支付老李最后的一个月工资 7100 元。银行则认为死者的合法继承人不知道取款的密码，按照银行有关规定，应经公证处公证或法院判决，被告才予以支付。

存款人死亡后的存款提取、过户手续问题，根据中国人民银行、最高人民法院、最高人民检察院、公安部、司法部联合发布的《关于查询、停止支付和没收个人在银行存款及存款人死亡后的存款过户或支付手续的联合通知》（〔1980〕银储字第 18 号）的规定，存款人死亡后，合法继承人为证明自己的身份和有权提取该项存款，应当向当地公证处申请办理继承证明书，银行凭以办理过户和支付手续。如果该项存款的继承权发生争执时，应由人民法院判决。银行凭人民法院的判决书、裁定书或调解书办理过户或者支付手续。

本案中，小李可以到当地公证处办理继承公证手续，凭继承公证文书去银行取款。

小贴士

存款人死亡后，继承人要实现自己的继承权，必须向银行出具自己对死者享有继承权的有效证明，该有效证明分为两种：一种是指继承证明书，一种是指法院判决书、裁定书和调解书。

49

老人负债离世，遗产继承人不愿还债时，怎么办

陆老爹 2008 年 8 月因病去世，留下一套价值 10 万元的房子和一个小卖部。陆老爹有两个孩子，陆甲和陆乙。由于陆甲长期同陆老爹一起生活，陆乙就主动提出由陆甲独自继承遗产。不久，有位自称某施工队经理的人上门讨要陆老爹生前拖欠的 4000 元房屋装修款，让陆甲偿还，陆甲予以拒绝。于是经理又找到了陆乙，要陆乙偿还。陆乙觉得自己没有继承父亲的遗产，不应该还钱。于是施工队经理将陆甲和陆乙一起告上法庭。

被继承人债务是指在被继承人死亡时遗留的财产义务，主要包括：（一）被继承人依照税法规定应缴纳的税款；（二）被继承人因合同之债发生的未履行的给付财物的债务；（三）被继承人因不当得利而承担的返还不当得利的债务；（四）被继承人因无因管理之债而负担的偿还管理人必要费用的债务；（五）被继承人因侵权行为而承担的损害赔偿债务；（六）其他应由被继承人承担的债务。被继承人的债务本应由被继承人自己清偿，但

因被继承人死亡而无法实现，因此转移给被继承人的继承人负责清偿。被继承人转移给继承人的遗产是财产权利和财产义务的统一体，继承人接受继承，应当同时承受被继承人的财产权利和财产义务。

我国继承法第三十三条规定："继承遗产应当偿还被继承人依法应当缴纳的税款和债务。缴纳税款和清偿债务以他的遗产实际价值为限，超过遗产实际价值部分，继承人自愿偿还的不在此限。继承人放弃继承的，对被继承人依法应当缴纳的税款和债务可以不负偿还责任。"本案中，因陆乙放弃继承权，故陆老爹生前所欠 4000 元房屋装修款应由陆甲在遗产实际价值的限度内支付。

小贴士

民间有"父债子还"的说法。对照继承法第三十三条的规定，这个说法就不完全正确。

50

遗产无人继承又无人受遗赠，欲认定为无主财产，怎么办

2007年8月22日，群众出版社作为申请人，申请北京市西城区人民法院认定末代皇帝爱新觉罗·溥仪所著的《我的前半生》一书为无主财产。法院受理申请后，依法进行了审查核实，并依照特别程序规定，于2007年9月25日对上述财产在《人民法院报》发出"财产认领公告"。公告写明："自公告之日起一年内如果无人认领，本院将依法判决。"2008年8月22日，金某到法院申请认领《我的前半生》版权。法院依照民事诉讼法第一百四十条第一款第十一项，民事诉讼法意见第197条的规定，对本案裁定终结审理。

我国继承法规定无人承受遗产归国家或者集体所有制组织所有。继承法第三十二条明确规定："无人继承又无人受遗赠的遗产，归国家所有；死者生前是集体所有制组织成员的，归所在的集体所有制组织所有。"无人承受遗产的处理分两个步骤：首先应在遗产的实际价值范围内清偿被继承人生前所欠的债务；其次将遗产的剩余部分归属国家或者集体所有制组织所有。同时，根据继承法意见第五十七条规定："遗产因无人继承收归国家或集体组织时，按继承法第十四条规定可以分给遗产的人提出遗产的要求，人民法院应视情况适当分给遗产。"

无人继承又无人受遗赠的遗产可通过特别程序认定为无主财产。

小贴士

认定财产无主案件，公告期间有人对财产提出请求，人民法院应裁定终结特别程序，告知申请人另行起诉，适用普通程序审理。

第四章

社会保障

——共享互济　人我两利

【导语】宪法第十四条第四款规定，国家
建立健全同经济发展水平相适应的社会保障制
度。与社会主义市场经济体制相适应的，以社
会保险为核心内容的社会保障体系正在逐步建
立。2010 年 10 月 28 日第十一届全国人民代表
大会常务委员会第十七次会议通过的社会保险
法，为包括老年人在内的全体公民提供了保障
其基本生活条件的一项法律制度。

1

没有签订劳动合同，老年人担心领不到养老金时，怎么办

李老师现年 63 岁，在一个乡办中学工作了 29 年，他的身份开始属于民办教师，主要负责学校后勤方面的工作，后来学校取消了民办教师的编制，但他还一直在学校收发室工作，也没有和学校签订任何劳动合同，只是每月固定从学校领取一定的工资。现在李老师到了退休的年龄了，发现自己竟没有任何退休保证，就一直想解决养老问题，但是他却不知道具体应该怎么做。

民办教师养老等问题是历史遗留的问题，目前这种现象还比较常见。李老师虽然在这个学校工作了 29 年，但是却一直没有签订劳动合同。那么，李老师能否要求学校在其退休后给他支付养老金呢？实际上，李老师和学校之间的事实劳动关系存在了 29 年，劳动合同法对签订劳动合同的时间作了明确界定，即"已建立劳动关系，未同时订立书面劳动合同的，应当自用工之日起一个月内订立书面劳动合

同。用人单位与劳动者在用工前订立劳动合同的，劳动关系自用工之日起建立"。"用人单位自用工之日起满一年不与劳动者订立书面劳动合同的，视为用人单位与劳动者已订立无固定期限劳动合同"。

本案中，李老师与学校已经存在了事实劳动关系，学校就应当和李老师签订劳动合同，并且有义务为其解决退休养老问题。李老师可以与学校交涉，必要时也可以诉诸法律。作为老人，李老师也可以到当地的法律援助中心寻求司法救济。相信随着法律制度上的完善，这样的现象会越来越少，更多的人会老有所依，老有所养。

劳动合同法第十条规定："建立劳动关系，应当订立书面劳动合同。"

2 企业无力缴纳养老保险费，老年人担心领不到养老金时，怎么办

老张是原国有企业改制后的退休工人。退休前整整 5 年时间，单位未给他缴纳养老保险费，并告诉他：企业由于经营困难，无力为他们这些退休老人缴纳养老保险费了。而这 5 年间没有缴纳的差额，单位却提出让老张自己缴纳差额部分。老张该怎么办？

养老保险，又称"年金保险"，是劳动者在到达国家规定的退休年龄，退出社会劳动领域后，按规定享受物质待遇，保障其基本生活需要的一种社会保险制度。养老保险是社会保险最主要的组成部分。根据社会保险法第六十三条的规定，用人单位未按时足额缴纳社会保险费的，由社会保险费征收机构责令其限期缴纳或者补足。用人单位逾期仍未缴纳或者补足社会保险费的，社会保险费征收机构可以向银行和其他金融机构查询其存款账户；并可以申请县级以上有关行政部门作出划拨社会保险费的决定，书面通知其开户银行或者其他金融机构划拨社会保险费。用人单位账户余额少于应当缴纳的社会保险费的，社会保险费征收机构可以要求该用人单位提供担保，签订延期缴费协议。用人单位未足额缴纳社会保险费且未提供担保的，社会保险费征收机构可以申请人民法院扣押、查封、拍卖其价值相当于应当缴纳社会保险费的财产，以拍卖所得抵缴社会保险费。

本案中，用人单位不给老张缴纳养老保险费，要求老张自己来缴纳自己养老保险费的做法是违法的。老张可与单位进一步协商，如果协商不成可向当地主管部门投诉。

小贴士

根据最新的养老金计算办法，职工退休时的养老金由两部分组成：

养老金＝基础养老金＋个人账户养老金

个人账户养老金＝个人储户储蓄额 ÷ 计发月数

基础养老金＝（全省上年度在岗职工月平均工资＋本人指数化月平均缴费工资）÷2× 缴费年限 ×1%

3

企业破产，老年人担心领不到养老金时，怎么办

老范是一家国有企业的技术工人，长期在一线工作，可在他临近退休的时候，企业却出现了重大经营困难，即将破产。令他担忧的是，万一企业破产了，自己将来的退休保障会不会出现问题？

国家对于企业破产后退休人员的养老金问题是有明确的保障性规定的。企业发生破产的必须为关闭破产企业离退休人员留足有关费用。企业实施关闭破产时，要按企业在职职工年工资总额的一定比例计算预留基本养老保险费；对未达到法定正常退休年龄的提前退休人员，还要预留提前退休年份应缴纳的基本养老保险费和社会保险经办机构应支付的基本养老金。企业关闭破产时应将上述费用一次性拨入当地企业基本养老保险基金。国有企业资产不足预留的，由财政给予补助。

《劳动和社会保障部办公厅关于对破产企业离退休人员养老保险有关问题的复函》（劳社厅函〔1999〕12号）

作了说明："已经参加养老保险社会统筹的企业，破产时，需补缴欠缴的养老保险费（含差额缴拨时企业欠发离退休人员的养老金）及其利息，社会保险经办机构负责支付离退休人员的基本养老金。考虑到近年企业改革及企业破产力度较大，地方在确定企业养老保险缴费比例时没有这方面的支出因素，且破产企业职工分流需要一个吸收安置过程，对于养老保险基金确实不足、支付困难的地区，为弥补资金不足，可以从破产企业资产中划拨一定费用给社会保险经办机构，以保证离退休人员基本养老金的发放。"

小贴士

对于破产企业的退休人员，国家是有相关的保障性政策的。老范没有必要担心，虽然企业破产，但其退休后，也可以正常地领取自己的养老金。

4

企业被兼并，老年人担心工伤保险待遇得不到保障时，怎么办

门师傅是某市胶合板厂的工人，在工作时曾经发生工伤，之后在工厂里从事轻微劳动强度的工作，后经劳动能力鉴定委员会鉴定为工伤。胶合板厂最近与该市某实业集团签署了兼并协议书。门师傅担心企业兼并后，他的工伤保险待遇能否得到保障？

我国社会保险法和《工伤保险条例》对工伤保险待遇作了明确的规定。社会保险法规定，因工伤发生的下列费用，按照国家规定从工伤保险基金中支付：（一）治疗工伤的医疗费用和康复费用；（二）住院伙食补助费；（三）到统筹地区以外就医的交通食宿费；（四）安装配置伤残辅助器具所需费用；（五）生活不能自理的，经劳动能力鉴定委员会确认的生活护理费；（六）一次性伤残补助金和一至四级伤残职工按月领取的伤残津贴；（七）终止或者解除劳动合同时，应当享受的一次性医疗补助金；（八）因工死亡的，其遗属领取的丧葬补助金、供养亲属抚恤金和因工死亡补助金；（九）劳动能力鉴定费。因工伤发生的下列费用，按照国家规定由用人单位支付：（一）治疗工伤期间的工资福利；（二）五级、六级伤残职工按月领取的伤残津贴；（三）终止或者解除劳动合同时，应当享受的一次性伤残就业补助金。胶合板厂被其他企业兼并之后，按照民法通则、公司法的有关规定，公司合并时，合并各方的债权、债务，应当由合并后存续的公司或者新设的公司承继。应当由用人单位支付的上述费用，在企业兼并后，由新的企业承继。门师傅不必担心。

小贴士

社会保险法第四十条规定："工伤职工符合领取基本养老金条件的，停发伤残津贴，享受基本养老保险待遇。基本养老保险待遇低于伤残津贴的，从工伤保险基金中补足差额。"

5

企业一次性结算养老金，老年人觉得这种做法不妥时，怎么办

　　沈某系某制鞋厂职工，在办理退休手续时，该鞋厂一次性为其结算了养老金1.7万余元。沈某不愿接受，提出养老金应在其退休后按月领取。该鞋厂仍以沈某工作年限不超过15年为由，坚持让其一次性结清养老金。双方为此发生争议。

　　基本养老保险是以保障老年人的基本生活，满足其基本生活需求，为其提供稳定可靠的生活来源为根本目的。一定性发放养老金的做法不利于保障退休人员稳定的生活来源，并会引起离退休人员的不满，影响了社会安定。根据社会保险法的规定：参加基本养老保险的个人，达到法定退休年龄时累计缴费满15年的，按月领取基本养老金。参加基本养老保险的个人，达到法定退休年龄时累计缴费不足15年的，可以缴费至满15年，按月领取基本养老金；也可以转入新型农村社会养老保险或者城镇居民社会养老保险，按照国务院规定享受相应的养老保险待遇。因此，劳动者享受的社会保险金必须按时足额支付，这里所说的按时，应为按月发给，而不能包括在办理退休手续时的一次性支付。另外，国家劳动主管部门也曾多次发布通知，要求不得对企业离退人员采取一次性结算离养老金的办法。

　　该鞋厂认为沈某工龄不超过15年而采用一次性结算退休人员养老金的做法没有法律根据，因而是违法的。

小贴士

　　我国的养老保险由三个部分组成。第一部分是基本养老保险，第二部分是企业补充养老保险，第三部分是个人储蓄性养老保险。在我国，养老保险是社会保障制度的重要组成部分，是社会保险五大险种中最重要的险种之一。

6

拒发企业退休留任人员养老金，老年人觉得这种做法不妥时，怎么办

周某于 1989 年开始在某招待所工作，系正式职工。2005 年 10 月 30 日周某年满 60 岁，经批准退休。但因招待所暂时无人接替其岗位，招待所决定暂时留用。之后，招待所一直按在职职工待遇给周某发放工资、奖金。留用期间周某知道退休后享有养老金，招待所也曾告知过周某，但周某一直未提出异议。在此期间，招待所累计共领取周某养老金 1.6 万元。2008 年 6 月 30 日双方终止了留用合同后，周某要求招待所返还其这两年多时间的养老金，但招待所主张其养老金已经通过工资的形式发还给周某了，双方发生了争议。

周某退休后招待所继续留任，招待所一直按在职职工待遇给周某发放工资、奖金，但他们并没有约定周某工资内包含其退休的养老金。且周某 60 岁退休后，依法享有的养老保险是社会保险机构发给退休人员的，按照相关法律规定，劳动者享受的社会保险金必须按时足额支付，任何组织和个人不得挪用社会保险基金。按上述规定劳动者与用人单位确立劳动关系，就应由用人单位支付工资，不能将劳动者本人享有的养老保险金作为单位用人工资支付。招待所应该把领取到的周某的 1.6 万元养老金，交还给周某。

小贴士

劳动法第七十三条第四款规定："劳动者享受的社会保险金必须按时足额支付。"

7

基本养老金社会化发放，老年人不理解这种做法时，怎么办

老黄曾经是一名工厂的职工，退休后，每月按时从企业领取一定的养老金，过着稳定的退休生活。可是前一阵子，老黄却听人说，养老金的发放方式改变了，养老金不再通过企业发放了，而是由社会保险经办机构来发放，也就是基本养老金发放社会化了。老黄不明白了，养老金应该是自己年轻时对单位劳动的回报，本应该由单位发放的，为什么会变成社会化发放了呢？

社会保险法第十九条规定：个人达到法定退休年龄时，基本养老金分段计算、统一支付。具体办法由国务院规定。其中统一支付指的就是社会化发放。基本养老金的社会化发放，是对原有的由企业负责发放养老保险待遇方式的一种变革，也是实现养老保险社会化管理服务工作的一项重要内容。基本养老金的社会化发放具体是指，在企业和职工个人按规定参加基本养老保险并向社会保险经办机构足额缴纳基本养老保险费后，企业离退休人员的养老金发放工作也从企业转向社会保险经办机构统一负责，由各统筹地区社会保险经办机构直接委托银行、邮局等社会服务机构发放，对于有特殊困难不能到银行、邮局领取基本养老金的离退休人员，社会保险经办机构可直接或委托社区服务组织送发。养老金社会化发放的实现，能够有力地推进建立和完善社会保障体系的进程，为进一步确保基本养老金按时足额发放和实现企业退休人员社会化管理创造了重要条件。

对于老黄而言，以后就不用从原企业领取自己的养老金了，而是由社会保险经办机构给他发放，养老金的发放也变得更加的安全便捷。

小贴士

在我国实行养老保险制度改革以前，基本养老金也称退休金、退休费，是一种最主要的养老保险待遇。国家有关文件规定，在劳动者年患或丧失劳动能力后，根据他们对社会所作的贡献和所具备的享受养老保险资格或退休条件，按月或一次性以货币形式支付的保险待遇，主要用于保障职工退休后的基本生活需要。

8

企业内部离岗退养，老年人想了解其缴纳养老保险费的做法时，怎么办

老金是某汽车车桥厂的内退职工，2005 年企业领导班子发生变化，之后企业就无人过问老金这些内退职工的福利保障问题了，将近一年时间也没有为职工缴纳基本养老保险费，同时内退职工的工资也停发。企业相关领导告知老金：目前企业经营困难，内退职工到退休年龄时要自己垫付所欠的基本养老保险费，不缴纳不给办理退休。老金感到非常困惑，不知道这个时候应该怎么办，也不知道应该通过什么途径主张自己的权利。

内退，又被称作是"内部退养"、"内退内养"或者"离岗退养"，严格来说，并不是真正地办理了退休手续，只是在单位内部的一种近似退休待遇的办法，办理内退的人员可不在单位工作，但每月可从单位领取一定数额的内退费，不过这些人的社会保险并没有终止，而是由单位继续在社会保险经办机构缴纳，一直到到达退

休年龄条件后正式办理退休。内退人员与单位还存在劳动关系，单位应当为职工发放工资，并缴纳社会保险费。老金所在的汽车车桥厂的做法是违法的。老金可要求企业按时发放其工资，并且按时为其缴纳社会保险费。

《国有企业富余职工安置规定》第九条规定："职工距退休年龄不到 5 年的，经本人申请，企业领导批准，可以退出岗位休养，职工退出工作岗位休养期间，由企业发给生活费。已经实行退休统筹的地方，企业和退出工作岗位休养的职工应当按照有关规定缴纳基本养老保险费。职工退出工作岗位休养期间达到国家规定的退休年龄时，按照规定办理退休手续。职工退出工作岗位休养期间视为工龄，与其以前的工龄合并计算。"

9

退休人员走失，家人想知道这类人员的养老金处理办法时，怎么办

王某是河南某工程公司的退休职工，已经走失3年至今未归。2005年以前，当地社会保险经办机构一直将王某的养老金发放给其家人。2006年开始，当地社会保险经办机构开始停发其养老金。理由是王某已经失踪3年，至今生死未卜，养老金在正常情况下支付到退休人员死亡，可是现在无法判定王某的生死，也不能一直发放下去，只能暂时停发。而王某家属则认为，王某只是失踪了，并没有被证明死亡，法院也没有宣告其死亡，养老金应该继续发放。那么，出现这种退休人员走失后，养老金的发放问题应该怎么办呢？

按照民法通则的有关规定，法院对下落不明满四年或者意外事故发生之日起满两年仍不知下落者，可以宣告其死亡。如果法院已经宣告王某死亡了，社会保险经办机构可以对王某暂时作死亡处理，并且按照退休人员死亡的情形发给相应的死亡待遇。而

如果王某没有被宣告死亡的，国家的相关法律规定，退休人员失踪，下落不明在6个月以内的，其退休待遇可照发，但是下落不明时间超过6个月的，从第7个月起暂时停发其退休待遇。本案中，社会保险经办机构停发王某养老金的做法是适当的。今后如果王某重新出现，应该为其依法补发待遇。

小贴士

社会统筹与个人账户相结合的基本养老保险制度，是我国在世界上首创的一种新型的基本养老保险制度。这个制度在基本养老保险基金的筹集上采用传统的基本养老保险费用的筹集模式，即由国家、单位和个人共同负担；基本养老保险基金实行社会互济；在基本养老金的计发上采用结构式的计发办法，强调个人账户养老金的激励因素和劳动贡献差别。

10

家人冒领去世职工养老金，老年人想知道这种做法的后果时，怎么办

郝某是一家国有企业的技术工人，退休后，每月能够拿到1000多元的养老金。他和妻子两人无儿无女，这笔养老金对于夫妻俩的晚年生活起到了重要的作用。过了几年，郝某因为突发心脏疾病去世。郝某的老伴心想：自己无依无靠的，如果这个时候没有养老金，自己肯定没有办法生活下去了。于是，郝某的老伴就把郝某去世的消息隐瞒起来。在郝某去世后，依旧每个月从社会保险经办机构领取1000多元的养老金，直至两年后被社会保险经办机构发现。

养老金由社会保险经办机构委托相关金融机构定期发放，给养老金领取者，尤其给一些人户分离、异地养老的退休人员带来了便利。由于社会保险经办机构很难掌握退休人员的实际生存状况，从而产生一定的漏洞。退休人员去世后，其家属未向社会保险经办机构及时告知，有的甚至是有意瞒报死讯。社会保险经办机构由于客观条件的限制，很难逐一验证和全面核实，一些去世多年的人继续领取养老金的现象也就屡见不鲜了。养老金是专属与劳动者本身的一项权利，有严格的支付和领取限制条件，只有在劳动者退休后至去世前的期限内才可享受，劳动者去世后任何人不得再继续领取。本案中郝某老伴的行为是违法行为，必须退回骗取的社会保险金，并按规定处以罚款。

小贴士

社会保险法第八十八条规定："以欺诈、伪造证明材料或者其他手段骗取社会保险待遇的，由社会保险行政部门责令退回骗取的社会保险金，处骗取金额二倍以上五倍以下的罚款。"如果构成犯罪，则根据我国刑法规定进行处罚。

11

有人照顾，老年人担心取消低保时，怎么办

周老爹与老伴没有生育子女，老伴去世后，周老爹独自一人生活。民政部门根据他的情况，为他办理了最低生活保障（以下简称低保）手续，周老爹每月可以领取一定金额的低保金。周老爹的一位远亲愿意照顾养周老爹，但周老爹担心有人照顾，就不能领取低保金。

《城市居民最低生活保障条例》第二条规定："持有非农业户口的城市居民，凡共同生活的家庭成员人均收入低于当地城市居民最低生活保障标准的，均有从当地人民政府获得基本生活物质帮助的权利。前款所称收入，是指共同生活的家庭成员的全部货币收入和实物收入，包括法定赡养人、扶养人或者抚养人应当给付的赡养费、扶养费或者抚养费，不包括优抚对象按照国家规定享受的抚恤金、补助金。"除城市居民低保外，现在各地也都建立了农村居民低保制度。只要周老爹的收入低于当地居民低保标准，周老爹就可以享受低保金。周老爹的远亲不是法定赡养人，这位远亲对周老爹的生活照顾，不影响周老爹享受低保金，周老爹不必担心。

小贴士

《城市居民最低生活保障条例》第六条第一款规定："城市居民最低生活保障标准，按照当地维持城市居民基本生活所必需的衣、食、住费用，并适当考虑水电燃煤（燃气）费用以及未成年人的义务教育费用确定。"

12

退休后犯罪被判刑，老年人担心出狱后原单位拒发养老金时，怎么办

6年前，老罗到了退休年龄，单位给他办理了退休手续，从此赋闲在家。不料好景不长，他就出事了，因涉嫌写匿名信诽谤他人，老罗被逮捕了。法院认定老罗构成诽谤罪，判处有期徒刑一年，缓刑两年。老罗不服，提起上诉，某市中院作出终审判决，维持原判。在关押审判期间，老罗发现社会保险经办机构停发了自己的养老金。宣判缓刑之后，老罗找到社会保险经办机构，社会保险经办机构说，你被判刑了，按照规定，应当停发养老金。

根据国家的相关法律规定，退休人员因涉嫌犯罪被通缉或在押未定罪期间，其基本养老金暂停发放。如果法院判无罪，被通缉或羁押期间的基本养老金予以补发。所以说，社会保险经办机构在老罗关押期间暂停发养老金，后来又补发，这是有根据的。而对于老罗最后被宣告缓刑，为了不致影响被宣告有期徒刑缓刑的退休职工的生活，我们国家法律规定，退休职工在被宣告缓刑考验期内，没有被剥夺政治权利的，可以继续享受原退休待遇。也就是说，老罗是可以享受基本养老金待遇的。老罗可以要求社会保险经办机构和单位在其缓刑考验期内正常发放其养老金。

小贴士

原劳动和社会保障部办公厅2001年3月8日发布的《关于退休人员被判刑后有关养老保险待遇问题的复函》规定，退休人员因涉嫌犯罪被通缉或在押未定罪期间，其基本养老金暂停发放。如果法院判无罪，被通缉或羁押期间的基本养老金予以补发。退休职工在被宣告缓刑考验期内，可以继续享受原退休待遇。

13

因病提前退休，老年人担心能否发放养老金时，怎么办

老赵大学毕业后在一家国有企业工作，养老保险缴费年限累计达到了 28 年。最近老赵感觉自己的身体越来越吃不消了，去医院检查后发现自己患上了严重的肾病，医生告诉老赵，最好还是在家休养不要继续工作了。老赵自己想了之后，自己身体确实无法继续支撑下去了，于是打算向单位申请办理因病提前退休。但是，他搞不清楚的是，如果自己因病办理了提前退休，那么自己的养老金如何发放呢？

职工在工作的过程中由于自己身体等原因办理提前退休的，依旧享有着相关社会保障待遇。根据国家的相关法律规定，对于未达到法定正常退休年龄的退休人员，所在单位要继续为其缴纳基本养老保险费的单位缴费部分。同时，在职职工退休之后，法定正常退休年龄前的这一段时间，原单位要承担职工的基本养老金（含特殊工种退休），对于这一部分的养老金的数额及发放，一般由原单位自己决定。而等到退休职工达到法定正常退休年龄后，则停止由其单位发放养老金，和一般的退休职工一样，转由社会保险经办机构支付。

老赵可以正常地办理退休手续，其养老金，在达到法定退休年龄前，由原单位支付；在法定退休年龄后，由社会保险经办机构支付。

小贴士

提前退休分为因工伤致残退休和因病、非因工致残提前退休两种，后者只有在达到退休年龄之后，才由社会保险经办机构支付养老金。

14

债务缠身，老年人担心养老金被扣去还债时，怎么办

老王是一名退休工人，退休后便想自己做点生意，赚点小钱，可是却亏了本，欠了李某等人3万多元的债务。李某多次向老王催要，老王也很无奈，退休后他除了养老金外已经没有别的财产可以用来偿还债务了。于是，李某向法院提出申请，要求查封和冻结老王的养老金以抵偿债务。老王想不通，养老金是自己现在生活的唯一保障，虽然自己欠了李某等的钱，但人民法院可否扣划他的养老金以抵偿债务呢？

2000年最高人民法院下发的《关于在审理和执行民事、经济纠纷案件时不得查封、冻结和扣划社会保险基金的通知》规定："社会保险基金专项用于保障企业退休职工、失业人员的基本生活需要，属专项资金，不得挪作他用。人民法院在审理和执行民事、经济纠纷案件时，不得查封、冻结或扣划社会保险基金；不得用社会

保险基金偿还社会保险机构及其原下属企业的债务。"基本养老金在发放给离退休人员之前，仍属于养老保险基金，根据上述规定，人民法院不得查封、冻结和扣划。而对于发到个人手里的养老金，已经属于个人财产，在确保个人或家庭基本生活之后的部分，应当用于偿还债务。本案中，老王的养老金在满足了他个人基本生活之后的部分，应当向李某偿还债务。

小贴士

老年人退休后，保持活力是重要的，但是要意识到此时养老金是自己生活的唯一保障，市场经济瞬息万变，老年人从事经营行为，一定要考虑到市场风险，以防经营失败而陷入债务之中，影响到自己的晚年生活的幸福。

15

收入微薄生活艰辛，老年人想选择和办理商业养老保险时，怎么办

老高早年与妻子生育了两个女儿，两人含辛茹苦把两个女儿抚养成人，如今女儿们都长大成家立业了。两年前老高的妻子不幸因为车祸去世了，剩下老高一个人生活。两个女儿一直想让父亲退休后得到很好的保障，听说现在有商业养老保险了，想一起为父亲买一份商业养老保险，可是又不太清楚，商业养老保险在选择和办理上有什么应该注意的问题？

商业养老保险是以获得养老金为主要目的的长期人身保险。商业性养老保险的被保险人，在缴纳了一定的保险费以后，就可以从一定的年龄开始领取养老金。这样，尽管被保险人在退休之后收入下降，但由于有养老金的帮助，他仍然能保持退休前的生活水平。退休者可主要依靠商业养老保险保障养老，同时将商业养老保险作为必要补充。

选择商业养老险需考虑以下因素：一是个人能承担的数额，个人根据收入水平确定目标养老收入，估算个人参与的社会城镇职工养老保险及企业提供的企业年金收入与目标养老收入的差额。该差额即可作为购买商业养老险的参考。二是要了解清楚不同商业养老保险的内容。

老高的女儿可以为老高办理一个商业养老保险，她们可以去不同的保险公司，结合自己的实际情况，为老高选择一份合适的商业养老保险。

小贴士

社会养老保险和商业养老保险的性质不同，但目的是一样的，都是为了保障退休后老年人有一个稳定的生活保险，有了社会养老保险并不影响再购买商业养老保险，参保人可以根据自己的需要，选择一份商业养老保险，为自己的退休生活上个"双保险"。

16

为确定保险金领取日期，被保险人与保险公司发生意见分歧时，怎么办

1999 年 7 月 30 日，俞女士向保险公司投保了商业养老保险，保险公司向俞女士签发了一份保险单，其主要内容是：被保险人俞女士，1949 年 10 月 18 日出生，领取 10 年固定年金期自 2010 年 7 月至 2020 年 6 月，领取年龄 60 岁，领取日期 2010 年 7 月 30 日。俞女士认为应自自己年满 60 周岁的 2009 年 10 月 18 日起领取保险金，但保险公司认为领取日期应该是保险单注明的 2010 年 7 月 30 日，双方意见发生分歧。

本案发生分歧的原因是保险公司业务员填写保险单失误造成。因为操作失误，保险单实际上出现了两个保险金领取时间。双方对保险单条款产生争议，这就需要对合同条款进行解释。依据合同法第四十一条的规定，对格式条款的理解发生争议的，应当按照通常理解予以解释。对格式条款有两种以上解释的，应当作出不利于提供格式条款一方的解释。保险法第三十条进一步明确规定："采用保险人提供的格式条款订立的保险合同，保险人与投保人、被保险人或者受益人对合同条款有争议的，应当按照通常理解予以解释。对合同条款有两种以上解释的，人民法院或者仲裁机构应当作出有利于被保险人和受益人的解释。"依据上述规定，在俞女士与保险公司对保险单条款的理解发生争议时，应作出有利于俞女士一方的解释，保险公司应自 2009 年 10 月 18 日起支付保险金。

小贴士

合同法第三十九条第一款规定："采用格式条款订立合同的，提供格式条款的一方应当遵循公平原则确定当事人之间的权利和义务，并采取合理的方式提请对方注意免除或者限制其责任的条款，按照对方的要求，对该条款予以说明。"

17

参加养老金保险统筹，老年人户籍不在参保地时，怎么办

丁老师是一所民办中学的老师，20世纪90年代末他从老家的一所中学离职后，来到了南方某城市的一所民办中学工作，他的户籍还在老家，但是所在单位为其办理的社会保险统筹却在单位所在地，如今丁老师已经临近退休年龄了，他不明白的是，他之前的各类社会保险统筹是在老家的，而后来的社会保险统筹又是在新的城市，那么，他的缴费年限该如何计算呢？他的相关养老金待遇又应该由哪个地方的社会保险经办机构支付呢？

根据社会保险法和国家有关规定，参保人员因工作流动在不同地区参保的，不论户籍在何地，其在最后参保地的个人实际缴费年限，与在其他地区工作的实际缴费年限及符合国家规定的视同缴费年限，应合并计算，作为享受基本养老金的条件。参保人员达到法定退休年龄时，其退休手续由其最后参保地的劳动保障部门负责办理，并由最后参保地的社会保险经办机构支付养老保险待遇。参保人在异地实现再就业的，原参保地社会保险经办机构应为其及时办理养老保险关系的转移手续，接受地的社会保险经办机构要及时为其接续基本养老保险关系。

丁老师的缴费年限按他所有的缴费年限合并计算，他的养老金应该由他最后工作地的社会保险经办机构来负责。

小贴士

社会保险法规定，个人跨统筹地区就业的，其基本养老保险关系随本人转移，缴费年限累计计算。个人达到法定退休年龄时，基本养老金分段计算、统一支付。具体办法由国务院规定。个人跨统筹地区就业的，其基本医疗保险关系随本人转移，缴费年限累计计算。职工跨统筹地区就业的，其失业保险关系随本人转移，缴费年限累计计算。

18

再婚后养老保险金归属有疑问，老年人想知道其究竟时，怎么办

2008 年一天，家住 B 市 C 区的退休干部老朱走进家附近的一所律师事务所。老朱想咨询些法律问题，一位律师热情地接待了他。老人向律师讲起自己的困惑，他现年 63 岁，已经退休，两年前老伴儿去世。不久，老朱和一位离异的魏女士再婚，再婚后，两人的生活开支主要靠老朱的养老金。老朱想了解的是，他的养老金，在他和魏女士的婚姻关系存续期间，应属于个人所有还是夫妻共同所有？

依据婚姻法第十七条的规定，夫妻在婚姻关系存续期间所得的下列财产，归夫妻共同所有：（一）工资、奖金；（二）生产、经营的收益；（三）知识产权的收益；（四）继承或赠与所得的财产，但本法第十八条第三项规定的除外；（五）其他应当归共同所有的财产。夫妻对共同所有的财产，有平等的处理权。婚姻法解释二的第十一条进一步规定：婚姻关系存续期间，下列财产属于婚姻法第十七条规定的"其他应当归共同所有的财产"：

（一）一方以个人财产投资取得的收益；（二）男女双方实际取得或者应当取得的住房补贴、住房公积金；（三）男女双方实际取得或者应当取得的养老保险金、破产安置补偿费。据此规定，老朱退休后的养老金应该属于夫妻共同财产。

婚姻法解释二的第十三、十四条规定：军人的伤亡保险金、伤残补助金、医药生活补助费属于个人财产。人民法院审理离婚案件，涉及分割发放到军人名下的复员费、自主择业费等一次性费用的，以夫妻婚姻关系存续年限乘以年平均值，所得数额为夫妻共同财产。前款所称年平均值，是指将发放到军人名下的上述费用总额按具体年限均分得出的数额。其具体年限为人均寿命 70 岁与军人入伍时实际年龄的差额。

19

企业欠缴社会保险费，老年人担心会否影响正常退休和领取养老金时，怎么办

田先生现今已经到了退休年龄，自己辛辛苦苦工作了一辈子，正准备办理退休手续的时候，听说企业由于经营困难，基本养老保险费已经拖欠两年了。田先生非常担心，由于企业欠缴社会保险费，会不会影响到自己正常退休以及领取养老金呢？

我们目前实行的是"社会统筹与个人账户相结合"的养老保险政策，企业职工的缴费年限和个人账户记载金额，是个人退休时领取养老金待遇水平的依据。如果企业不能按时缴纳养老保险，将直接影响到职工将来的养老待遇。由于某种原因单位或个人不能按时足额缴纳基本养老保险的，视为欠缴。无论全额欠缴还是部分欠缴，欠缴月份均暂不记入个人账户，待单位或个人按规定补齐欠缴金额后，方可补记入个人账户。对由于企业欠费，社会保险经办机构将停止向职工个人账户记账，职工个人账户储存金额减少，记账利息的累计金额也相对减少。这些都将直接导致职工退休后的养老待遇下降。

本案中，由于田先生的企业欠缴养老保险金的，田先生可以要求企业按照规定补齐欠费后办理退休手续，并按照正常标准领取养老金。

小贴士

社会保险法第八十六条规定：用人单位未按时足额缴纳社会保险费的，由社会保险费征收机构责令限期缴纳或者补足，并自欠缴之日起，按日加收万分之五的滞纳金；逾期仍不缴纳的，由有关行政部门处欠缴数额一倍以上三倍以下的罚款。

20

企业逾期办理职工退休手续，老年人担心是否造成不利影响时，怎么办

老李现今已经60岁零几个月了，他也知道按照国家的法律规定，职工年满60周岁就可以办理退休了，但是自己的企业却一直没给自己办理，他以为企业办理退休手续可能要有一定的时间，所以也一直没有过问。后来有一天遇见人事处的同事，问起来退休事情的时候，对方一拍脑门说："哎呀，我给忘了。"老李一听，心里就担心了，那这岂不是自己已经逾期办理退休了，这样会产生什么不好的影响吗？

关于企业逾期给职工办理退休的，国家也有专门的法律规定。参保人员达到法定正常退休年龄、非因法定事由并经规定的主管部门批准延长退休时间的，单位应及时申报办理退休手续。因单位缓报、漏报等原因未及时申报办理退休手续的（以下简称缓办退休人员），仍按职工达到正常退休年龄时的有关基数和标准计发基本养老金，从劳动保障行政部门审批退休

的次月起开始发放。缓办退休手续人员参加基本养老金调整的时间，仍以其达到法定正常退休时间为准确定。缓报、漏报期间的待遇，由企业负责支付。达到正常退休年龄后至办理退休审批前缴纳的基本养老保险费退还给单位和职工。

本案中，老李应该立即要求公司给其办理退休手续，其养老金仍然按照达到正常退休年龄时的有关基数和标准计发。在其正式办理好退休手续之前的这段期间，企业要支付其养老金。另外，企业多缴的基本养老保险费，社会保险经办机构要交还给企业。

小贴士

退休也是一件人生大事，临近退休年龄时，职工要记得提醒企业及时给自己办理退休手续，以免不必要的麻烦。

21

国家出台新型农村养老保险，老年人想知道其具体内容和做法时，怎么办

小栾的母亲现年 61 岁，农村户口。母亲一辈子生活在农村，没有什么养老方面的保障福利。最近，小栾听说国家出台了新的政策，要在农村实施新型农村社会养老保险制度了。小栾想，母亲 61 岁了还能不能参加这个保险呢？

新型农村社会养老保险，称为"新农保"，是继取消农业税、农业直补、新型农村合作医疗等政策之后的又一项重大惠农政策。依据社会保险法的规定，国家建立和完善新型农村社会养老保险制度。新型农村社会养老保险实行个人缴费、集体补助和政府补贴相结合。新型农村社会养老保险待遇由基础养老金和个人账户养老金组成。参加新型农村社会养老保险的农村居民，符合国家规定条件的，按月领取新型农村社会养老保险待遇。另据《国务院关于开展新型农村社会养老保险试点的指导意见》（国发〔2009〕32号），年满 16 周岁（不含在校学生）、未参加城镇职工基本养老保险的农村居民，可以在户籍地自愿参加新农保。新农保制度实施时，已年满 60 周岁、未享受城镇职工基本养老保险待遇的，不用缴费，可以按月领取基础养老金，但其符合参保条件的子女应当参保缴费；距领取年龄不足 15 年的，应按年缴费，也允许补缴，累计缴费不超过 15 年；距领取年龄超过 15 年的，应按年缴费，累计缴费不少于 15 年。

目前新型农村社会养老保险还处于试点阶段，小栾可以去了解一下其母亲户籍所在地有没有开始实施，如果已经开始实施的，就可以按照当地的规定参加，便可以在 60 岁之后按月领取养老金。

小贴士

社会保险法第二十二条第二款规定："省、自治区、直辖市人民政府根据实际情况，可以将城镇居民社会养老保险和新型农村社会养老保险合并实施。"

22 单位没有给职工缴纳医疗保险费，老年人想采取补救措施时，怎么办

曾先生大学毕业后就留在外地工作了，父母现已从某公司退休。曾先生春节回家的时候得知，该公司没有给他父母缴纳过医疗保险。曾先生听了有点吃惊，父母年龄大了，如果没有医疗保险，生了病怎么办？他想知道，父母的医疗保险能否补办？

根据社会保险法的规定，职工应当参加职工基本医疗保险，由用人单位和职工按照国家规定共同缴纳基本医疗保险费。如果企业未按照国家规定，为职工缴纳社会保险费，企业应当承担由此造成的法律后果。对于退休前企业没有为其办理医疗保险的，在补办时，退休人员参保人员不用缴纳费用，而是由单位按照当地标准替职工缴纳医疗保险费。参保人员从单位参保之日起下个月开始享受医疗保险待遇。当然，在参保之日前发生的医疗费用，医疗保险经办机构不予结算。

各地的医疗保险规定有所不同，曾先生可以咨询当地的社会保险经办机构。

小贴士

社会保险法第二十七条规定："参加职工基本医疗保险的个人，达到法定退休年龄时累计缴费达到国家规定年限的，退休后不再缴纳基本医疗保险费，按照国家规定享受基本医疗保险待遇；未达到国家规定年限的，可以缴费至国家规定年限。"

23

单位未与职工签订劳动合同，老年人想了解能否享受医疗保险时，怎么办

老苏10多年前进入当地一家企业工作，当时双方未签订劳动合同。老苏患病住院治疗，医疗期满后身体一直不太好，还在家里继续接受治疗。因为医疗费数额太大，老苏无力承担，于是老苏找到了企业领导，希望单位能为其报销医疗费。企业领导告诉他，因为双方从来没有签订过正式合同，拒绝为老苏报销医疗费，并说企业每月发放给老苏的工资已经包含了医疗补贴和养老补贴。老苏找到了当地的社会保险经办机构了解到该企业一直没有为其缴纳医疗保险费。老苏心里非常难受，自己辛辛苦苦工作，最后连最基本的医疗保障都没有。

根据劳动法第七十二条的规定：用人单位和劳动者必须依法参加社会保险，缴纳社会保险费。双方当事人虽未签订劳动合同，但双方存在事实劳动关系。由于企业未按国家规定参加社会保险为老苏缴纳社会保险费，使老苏无法享受相关的医疗保险待遇，企业应当为此承担责任，即企业应当承担没有为老苏缴纳社会保险费而造成老苏多付医疗费用的责任。

本案中，企业提出的其每月发放给老苏的工资中已经包含了医疗补贴和养老补贴的说法是不成立的，社会保险具有法定性，必须依法向社会保险经办机构办理，通过企业、个人、国家三方面承担所共同建立起来的一整套保障制度，而不能通过企业自己向职工发放医疗补贴和养老补贴的形式来完成。老苏应当要求企业为其缴纳医疗保险。

小贴士

社会保险法第五十八条第一款规定："用人单位应当自用工之日起三十日内为其职工向社会保险经办机构申请办理社会保险登记。未办理社会保险登记的，由社会保险经办机构核定其应当缴纳的社会保险费。"

24

退休人员死亡，家人想了解其医保个人账户余额处理办法时，怎么办

于某2000年7月退休，2010年因病去世，死亡时医疗保险个人账户还有9000余元余额。于某的儿子到社会保险经办机构办理相关手续时，社会保险经办机构告知他，于某死亡时医疗保险个人账户上的余额是不能直接交给他的，而应该转入到他的个人账户之中。于某的儿子觉得，这笔钱就是他父亲生前的钱，完全应该取出来交给自己的，为什么要转到他的个人账户上而不能取出呢？

《国务院关于建立城镇职工基本医疗保险制度的决定》：基本医疗保险基金由社会统筹使用的统筹基金和个人专项使用的个人账户基金组成。个人缴费全部划入个人账户，单位缴费按30%左右划入个人账户，其余部分建立统筹基金。个人账户专项用于本人医疗费用支出，可以结转使用和继承，个人账户的本金和利息归个人所有。职工和退休人员死亡时，其个人账户存储额划入其继承人的个人账户；继承人未参加基本医疗保险的，个人账户存储额可一次性支付给继承人；没有继承人的，个人账户存储额纳入基本医疗保险统筹基金。

本案中，于某的儿子如有医疗保险个人账户的话，他是不能要求社会保险经办机构把钱直接交给自己的，只能够划入到他的个人账户中。

小贴士

基本医疗保险是为补偿劳动者因疾病风险造成的经济损失而建立的一项社会保险制度。通过用人单位和个人缴费，建立医疗保险基金，参保人员患病就诊发生医疗费用后，由医疗保险经办机构给予一定的经济补偿，以避免或减轻劳动者因患病、治疗等所带来的经济风险。

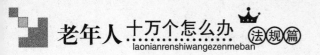

25

城市暂住人口能否参加当地社会医疗保险，老年人想知道个究竟时，怎么办

大学毕业后在某市工作的秦先生，把在老家农村的母亲接到自己工作的城市一起生活，以便好好照顾母亲。母亲随着年龄的增长，身体也越来越不好。秦先生想知道他母亲能否参加城镇居民基本医疗？

城镇居民基本医疗保险是以没有参加城镇职工医疗保险的城镇未成年人和没有工作的居民为主要参保对象的医疗保险制度。《国务院关于开展城镇居民基本医疗保险试点的指导意见》规定：不属于城镇职工基本医疗保险制度覆盖范围的中小学阶段的学生（包括职业高中、中专、技校学生）、少年儿童和其他非从业城镇居民都可自愿参加城镇居民基本医疗保险。社会保险法第二十五条规定："国家建立和完善城镇居民基本医疗保险制度。城镇居民基本医疗保险实行个人缴费和政府补贴相结合。享受最低生活保障的人、丧失劳动能力的残疾人、低收入家庭60周岁以上的老年人和未成年人等所需个人缴费部分，由政府给予补贴。"参保居民按规定缴纳基本医疗保险费，享受相应的医疗保险待遇。由此可见，城镇居民基本医疗保险的参保范围是当地的城镇居民，也就是说户口所在当地的居民才能参加该地的居民医疗保险。秦先生的母亲是农村居民，所以不能在秦先生的工作所在地办理城市居民医疗保险，可以在户口所在地参加新型农村合作医疗。

小贴士

我国社会保险法规定的基本医疗保险包括职工基本医疗保险、新型农村合作医疗和城镇居民基本医疗保险三种形式。

26

土地被征收，老年人想参加社会保险时，怎么办

王老爹夫妇一辈子在农村靠种地养活自己，但随着城市化的推进，村里的土地也大多被征收了。像王老爹夫妇这样靠种地维持生计的农民，失去土地以后怎么办？

随着城市化和工业化的双重提速，大量的农民被迫离开相依为命的土地。土地被征收后，农民便丧失了这个有形而长久的生活保障的承载体，导致当代及子孙后代的生活风险系数提高。为此，亟待为被征地农民建立包括社会保险在内的社会保障制度。我国各地都在尝试建立被征地农民的社会保障制度。社会保险法规定将被征地农民纳入相应的社会保险制度。社会保险法第九十六条规定："征收农村集体所有的土地，应当足额安排被征地农民的社会保险费，按照国务院规定将被征地农民纳入相应的社会保险制度。"被征地农民脱离农业，成为城镇职工，则可参加城镇职工基本养老保险、城镇职工基本医疗保险等社会保险项目；如果成为城镇居民但不具备参加城镇职工基本养老保险和城镇职工基本医疗保险条件的，可以参加城镇居民社会养老保险和城镇居民基本医疗保险；如果依然保留农民身份，则可参加新型农村社会养老保险和新型农村合作医疗。不论参加何种社会保险，被征地农民的社会保险费均应当足额安排。

当前各地针对被征地农民的社会保险规定有所不同，王老爹夫妇可以咨询当地社会保障主管部门。

小贴士

我国社会保险法规定的社会保险项目包括基本养老保险（含城镇职工基本养老保险、城镇居民社会养老保险和新型农村社会养老保险）、基本医疗保险（含城镇职工医疗保险、新型农村合作医疗和城镇居民基本医疗保险）、工伤保险、失业保险、生育保险。

下岗职工退休，老年人想了解能否享受医疗保险时，怎么办

李师傅是一家国有企业的职工，按照相关规定要年满60周岁才能退休，但是由于企业经营困难，企业要裁掉一大批的职工，按照公司的说法这一部分职工将要被列为下岗职工，其相关的人事关系要进入再就业服务中心托管。李师傅担心的是，自己年纪大了，身体也一直不太好，那么将来自己退休之后，自己的医疗方面的保障会不会受影响呢？

下岗和失业是两个不同的概念。下岗职工虽然看起来没有了工作，但实际上原单位是保留其人事关系的，并且要继续为其缴纳相关的社会保险，并发给工资。下岗职工退休后也完全和正常职工一样，享受各种社会保障待遇。为了适应国有企业深化改革的要求，有利于国有企业下岗职工的分流安置和促进劳动力的合理流动，保障下岗职工的基本医疗，国有企业下岗职工的基本医疗保险费，包括单位缴费和个人缴费部分，均由再就业服务中心按照当地职工平均工资的60%为基数缴纳。李师傅将来退休后，还是能和正常职工一样，享受到相关的社会保障福利。

小贴士

《中共中央、国务院关于切实做好国有企业下岗职工基本生活保障和再就业工作的通知》规定：在做好国有企业下岗职工基本生活保障工作的同时，要继续深化企业职工养老保险制度改革，加快立法步伐。要确保离退休人员的基本生活，保证按时足额发放养老金，不得发生新的拖欠，对过去拖欠的应逐步予以补发。

28

企业破产，老年人担心失去医疗保险时，怎么办

孟师傅是一家工厂的老职工，在这家工厂干了 20 多年，可是最近厂子却因为债务危机出现了经营困难，拖欠了医疗保险费，并且听说可能就要破产了。孟师傅非常担心，企业破产了，自己将来的医疗没有保障了，那可怎么办啊？

城镇职工基本医疗保险是国家通过立法形式强制实施，由用人单位和劳动者按一定比例缴纳的保险费，建立社会医疗保险基金，支付劳动者医疗费用的一种医疗保险制度。用人单位每月都要按照一定的比例为职工缴纳医疗保险费，以保证职工在患病时，社会保险机构对其所需要的医疗费用给予适当补贴或报销，使劳动者恢复健康和劳动能力。而当企业破产时，这笔费用应该如何缴纳呢？根据企业破产法第一百一十三条规定，破产财产在优先清偿破产费用和共益债务后，依照下列顺序清偿：（一）破产人所欠职工的工资和医疗、伤残补助、抚恤费用，所欠的应当划入职工个人账户的基本养老保险、基本医疗保险费用，以及法律、行政法规规定应当支付给职工的补偿金；（二）破产人欠缴的除前项规定以外的社会保险费用和破产人所欠税款；（三）普通破产债权。企业破产时，对职工的医疗保险费用必须给予保障。

孟师傅不用太担心自己将来的医疗保险问题，根据相关法律规定，如果他任职的工厂真的破产了，那么在破产时，也会从破产财产中划入职工个人账户的基本医疗保险费用。

小贴士

因企业破产导致失业的，适用失业人员参加城镇职工基本医疗保险的规定。社会保险法第四十八条规定："失业人员在领取失业保险金期间，参加职工基本医疗保险，享受基本医疗保险待遇。失业人员应当缴纳的基本医疗保险费从失业保险基金中支付，个人不缴纳基本医疗保险费。"

29

企业出现涉保违规行为，老年人担心利益受影响时，怎么办

老邵是一家公司的职工，至今已有 28 年的工龄。按照国家的规定，还有两年就可以退休了。可是最近自己任职的公司由于经营不善陷入了改制重组的危机之中，公司人事处的领导找到老邵说，公司确定让老邵提前退休，具体的做法是把老邵的工龄加长两年，改为 30 年，这样老邵就可以退休了。如果老邵能提前退休，公司会给老邵一笔费用，老邵从此以后也可以从社会保险经办部门领取养老金。老邵听了之后，不知道该如何是好，碰到这种情况应该怎么办呢？

坚决按照国家法定的退休年龄办理职工退休、退职，是维护职工合法权益和劳动权利的保证。一些单位在企业改制重组和关闭破产的过程中，为使职工提前退休，不顾国家三令五申，擅自更改职工的年龄、工龄、工种等档案材料，这是一种严重违反国家法律法规的弄虚作假行为。为了严禁作假更改职工档案达到退休目的，对于通过弄虚作假获得批准退休的职工，一经查实，社会保险经办机构不得支付其基本养老金，已领取的基本养老金要如数追回。企业和个人除必须继续缴纳基本养老保险费外，还要补缴从作假退休之日至查实处理之日应缴纳的养老保险费。凡是违反国家规定为职工办理提前退休、退职的企业，要追究有关领导和当事人责任，已办理提前退休、退职的要清退回企业。

这家公司的做法是错误的，老邵不能按照公司的要求改长工龄退休。

小贴士

原劳动和社会保障部 1999 年 3 月 9 日发布的《关于制止和纠正违反国家规定办理企业职工提前退休有关问题的通知》规定："对国家关于企业职工退休年龄和条件的规定，各地区、各部门和企业及职工必须认真执行，不得随意降低，严禁扩大适用范围。"

30

医疗保险参保，老年人不能在定点零售药店购药时，怎么办

李某是省级单位职工，参加省级单位城镇职工医疗保险。2010年5月得了重病住院，经过一段时间的治疗病情好转，于是出院后回家养病。根据医生对其在家康复期间的安排，李某让妻子到定点医院开了外配处方，并经医师签名、医院盖章和药师审核签字后，到附近市定点零售药店购药，但被告知不能使用《省级单位职工医疗保险卡》。

《国务院关于建立城镇职工基本医疗保险制度的决定》规定：基本医疗保险实行定点医疗机构（包括中医医院）和定点药店管理。职工可选择若干定点医疗机构就医、购药，也可持处方在若干定点药店购药。《城镇职工基本医疗保险定点医疗机构管理暂行办法》规定：参保人员应在选定的定点医疗机构就医，并可自主决定在定点医疗机构购药或持处方到定点零售药店购药。除急诊和急救外，参保人员在非选定的定点医疗机构就医发生的费用，不得由基本医疗保险基金支付。但由于基本医疗保险原则上以地级以上行政区（包括地、市、州、盟）为统筹单位，也可以县（市）为统筹单位，各省级单位和市、县级单位属于不同的统筹单位，故在一个城市中既有"省定点医院"、"省定点药店"，又有"市定点医院"、"市定点药店"，李某持有的《省级单位职工医疗保险卡》只能在"省定点医院"、"省定点药店"使用。

小贴士

《城镇职工基本医疗保险定点医疗机构管理暂行办法》规定：基本医疗保险实行定点医疗机构（包括中医医院）和定点药店管理。

31

医疗保险参保，老年人觉得医疗费用过高时，怎么办

孔先生现年63岁，退休前是一家公司的职工，一直从事销售工作。由于自己的腰椎间盘突出，退休后经常去医院看病。一次，孔先生去医院看病，医生给他开了一种药，孔先生觉得这个药价太高了，比自己在外面平价药店里买的贵了很多，于是孔先生找医生说，医生告诉他这是医院规定的药价，他也没办法。孔先生不清楚，如果认为医院的医疗费用过高了，应该怎么办呢？

目前，看病难问题已经成为影响民生的一个重大问题，其中医疗费用过高问题尤为突出，很多地方医院乱收费的现象还比较严重。为加强医疗服务价格管理，规范医疗服务价格行为，国家发展改革委、卫生部、国家中医药管理局对《全国医疗服务价格项目规范》各级各类医院要严格执行《全国医疗服务价格项目规范》，统一医疗服务收费项目和内容，禁止分解收费、比照收费和重复收费；提高收费透明度，鼓励、提倡医院如实向社会公示本单位的单病种费用、单病种平均住院日；及时处理患者对违规收费的投诉，减轻群众不合理的就医经济负担。在医院管理年活动中，各级各类医院要通过依法规范医院经济活动，控制医疗成本，降低医疗费用，减轻群众经济负担。对于患者而言，如果发现医疗费用过高的话，可以向当地的卫生部门投诉，卫生部门在收到投诉之后，应该立即调查处理。

孔先生可以先向他们医院反映这个问题，如果他们不能给出一个满意的答复，可向医院所在地的卫生部门和医保经办机构投诉。

小贴士

现在很多卫生部门都备有医院的《收费划价明细表》，老年人在投诉之前可以先了解一下相关收费明细，做到证据确凿。

32

既可以参加城镇居民基本医疗保险，也可以参加商业健康保险，城镇老年人需要进行选择时，怎么办

叶大妈现今 60 多岁，虽说身体还不错，但因为没有参加城镇职工基本医疗保险，一直担心万一生场大病，医疗费用难以负担。叶大妈知道现在城市居民可以参加城镇居民基本医疗保险，但又了解到一些保险代理人推销商业健康保险产品。叶大妈不知道应当参加哪一种医疗保险？

城镇居民基本医疗保险和商业健康保险有着重要的区别：一是保险的性质不同。基本医疗保险是国家依法强制实施的社会保险制度；商业健康保险则是商业行为，保险人与被保险人之间是自愿的合同关系。二是目的不同。基本医疗保险不以营利为目的，其出发点是为了确保劳动者的基本生活，维护社会稳定，促进社会发展；商业健康保险的根本目的是获取利润，只是在此前提下给投保者以经济补偿。

三是资金来源不同。基本医疗保险由国家、用人单位和个人分担；商业健康保险全部由投保人负担。四是政府承担的责任不同。政府对基本医疗保险承担最终兜底责任，对商业健康保险主要依法进行监管，保护投保人的利益。可见，城镇居民基本医疗保险和商业健康保险两者的性质是不同的。

城镇居民基本医疗保险和商业健康保险都可以起到医疗保障的作用，叶大妈可以根据自己的收入情况，选择合适的医疗保险。

小贴士

社会医疗保险和商业健康保险是不冲突的，也可以同时办理两种保险。

33

办理商业健康保险，老年人不知其条件与手续时，怎么办

胡某想为母亲办理一份商业健康保险，主要是门诊、住院、大病可以报销的保险，以保证母亲在生病的时候有一个基本的医疗保障。但她对商业健康保险不是很清楚，不知道该怎么办？

商业健康保险，是指由保险公司经营的、营利性的医疗保障。商业健康保险是医疗保障体系的组成部分，单位和个人自愿参加。投保者依一定数额缴纳保险费，遇到重大疾病时，可以从保险公司获得一定数额的医疗费用。随着医疗体制改革，各保险公司的商业健康保险险种也顺应形势，逐渐多了起来。目前商业健康保险主要包括普通医疗保险、意外伤害医疗保险、住院医疗保险、手术医疗保险、特种疾病保险等。投保人在选择商业健康保险之前，要对这几大类险种，它们各自保哪些，不保哪些，投保时有何具体规定等有一个基本的了解，

并根据自己的需要选择不同的保险类别。现在保险公司对于商业健康保险的年限一般都规定为 55 岁以下，如果年龄超过 55 岁就不能办理了。

胡某的母亲如果没有超出年龄，可以办理商业健康保险。胡某可以根据母亲的情况和保险公司提供的险种选择，例如可以选择保额在 65 岁后可以递增的品种，一是规避通胀风险；二是 65 岁后人的健康状况日益下降，更需要保障。如果有一种终身重疾险，既能在 65 岁起递增保额，又能附加终身有效的住院补贴。

小贴士

投保者在购买商业健康保险的同时，也可以在户口所在地加入医保（城镇居民基本医疗保险或者新型农村合作医疗），万一生病住院可以报销一部分费用。

34

在城市生活困难，老年人想申请最低生活保障金时，怎么办

66岁的戴某是某企业的失业职工，家里有年迈的母亲、妻子和一个儿子，儿子天生残疾，妻子无工作，全家几口人都靠戴某自己打工赚钱养活。戴某原在城镇集体企业当临时工，企业早已倒闭，也没有失业保险金，现靠给该企业打零工每月赚较低的工资维持全家生活。邻居们告诉戴某，听说国家对城市居民生活困难的，有基本生活保障，可以询问一下后去申请。

宪法第四十五条规定了公民的物质帮助权。《城市居民最低生活保障条例》第二条规定："持有非农业户口的城市居民，凡共同生活的家庭成员人均收入低于当地城市居民最低生活保障标准的，均有从当地人民政府获得基本生活物质帮助的权利。前款所称收入，是指共同生活的家庭成员的全部货币收入和实物收入，包括法定赡养人、扶养人或者抚养人应当给付的赡养费、扶养费或者抚养费，不包括优抚对象按国家规定享受的抚恤金、补助金。"

为了规范城市居民最低生活保障制度，切实保障城市居民基本生活需要，国务院于1999年9月28日以国务院令第271号发布了《城市居民最低生活保障条例》，该条例自1999年10月1日起施行。申请低保的人员向户籍所在地的街道办事处或者镇人民政府提出书面申请，并出具有关证明材料，填写《城市居民最低生活保障待遇审批表》。由所在地的街道办事处或镇人民政府初审，并将有关申请材料和初审意见报送县级人民政府民政部门审批。

小贴士

宪法第四十五条规定："中华人民共和国公民在年老、疾病或者丧失劳动能力的情况下，有从国家和社会获得物质帮助的权利。"

35

城市生活无依无靠，老年人想申请城市居民低保待遇时，怎么办

唐先生年轻时是工厂工人，20世纪90年代失业后没有再就业，现年事已高，渐渐地也失去了劳动能力。无儿无女无依靠，唐先生想申请享受城市居民低保待遇，该怎么办呢？

申请低保的城乡居（村）民，必须符合以下四类条件之一：无经济来源、无劳动能力、无法定赡养人或抚养人的居民；领取失业救济金期间或失业救济期满仍未能重新就业，家庭人均收入低于当地最低生活保障标准的居民；在职和下（待）岗人员在领取工资或最低工资、基本生活费后，以及退休人员领取养老金后，其家庭人均月收入仍低于当地最低生活保障标准的居民；其他家庭人均月收入低于当地最低生活保障标准的城乡居（村）民（不包括农村五保对象）。而期限方面，申请人一般自提出申请之日起30日内就可以得到回复。程序是这样的：居（村）委会在受理申请之日起10日内，对申请人的有关情况进行调查核实，签署意见后将申请者有关材料和调查情况上报街道办事处（乡镇人民政府）；街道办事处（乡镇人民政府）10日内进行审核并签署意见，报县级民政部门；县级民政部门在10日内对申请作出批准或者不予批准的决定。

唐先生的情况符合城市居民最低生活保障待遇的标准，可以向当地民政部门提出申请。

小贴士

《城市居民最低生活保障条例》第三条规定："城市居民最低生活保障制度遵循保障城市居民基本生活的原则，坚持国家保障与社会帮扶相结合、鼓励劳动自救的方针。"

36

申请低保保障金，老年人隐瞒了真实信息时，怎么办

任某是一位退休职工，拿着一份微薄的养老金，不过他在外地的女儿平时也会给他寄点钱，退休后的日子过得还可以。可是任某由于年轻时养成了赌博的习惯，退休后依旧恶习不改，经常去一些赌博场所来几盘，因而总觉得自己比较缺钱花。最近任某听隔壁的一个邻居说，由于他家比较困难，就去政府申请低保了，现在每个月可以从政府领几百块钱。任某心想自己也可以去领啊，于是去户籍所在地的街道办事处提出书面申请，并出具有关证明材料，填写《城市居民最低生活保障待遇审批表》，但是任某在填写自己收入时，故意写得很低，并把每个月女儿给他寄的钱给抹去了。街道办事处审核时发现了问题。任某的行为应该怎么处理呢？

低保是给生活困难的老年人的一项最基本生活物质帮助的权利。只有低于当地居民最低生活保障标准的才可以申请低保，任何人不得隐瞒信息骗取低保，根据《城市居民最低生活保障条例》的规定，享受城市居民最低生活保障待遇的城市居民有下列行为之一的，由县级人民政府民政部门给予批评教育或者警告，追回其冒领的城市居民最低生活保障款物；情节恶劣的，处冒领金额1倍以上3倍以下的罚款。（一）采取虚报、隐瞒、伪造等手段，骗取享受城市居民最低生活保障待遇的；（二）在享受城市居民最低生活保障待遇期间家庭收入情况好转，不按规定告知管理审批机关，继续享受城市居民最低生活保障待遇的。有关部门对任某企图骗取低保待遇的行为应当给予批评教育。

享受各项社会保障待遇，国家都有明确的规定。老年人千万要注意，切不可为了贪便宜而做了违法的事情。

37

对城市低保金使用有意见，老年人想进行检查与监督时，怎么办

徐老师热心于公益事业，被大家选为某市区人大代表。最近徐老师所在社区有几个享受低保的老年人找到他，向他反映，这几个月他们的低保发放得不及时，有时候拖延得很久，有一些老年人还被停发了低保，影响了他们的生活，想请徐老师帮他们反映一下。徐老师听完之后，心想享受低保的老年人本来生活就比较困难了，这点钱可不是小事。那么，徐老师能否对低保资金的使用进行检查和监督呢？具体又应该找哪个部门呢？

《城市居民最低生活保障条例》第十三条规定："从事城市居民最低生活保障管理审批工作的人员有下列行为之一的，给予批评教育，依法给予行政处分；构成犯罪的，依法追究刑事责任：（一）对符合享受城市居民最低生活保障待遇条件的家庭拒不签署同意享受城市居民最低生活保障待遇意见的，或者对不符合享受城市居民最低生活保障待遇条件的家庭故意签署同意享受城市居民最低生活保障待遇意见的；（二）玩忽职守、徇私舞弊，或者贪污、挪用、扣压、拖欠城市居民最低生活保障款物的。"城市居民对县级人民政府民政部门作出的不批准享受城市居民最低生活保障待遇或者减发、停发城市居民最低生活保障款物的决定或者给予的行政处罚不服的，可以依法申请行政复议；对复议决定仍不服的，可以依法提起行政诉讼。

徐老师可以向社区的民政部门打听是什么原因导致低保拖延发放的，特别是那些被停发的老年人，要询问清楚停发的原因是什么，如果这些老年人不服可以向社区民政部门申请行政复议，对复议还不服的，提起行政诉讼。

小贴士

低保是我国社会保障体系的重要组成部分，被喻为维护社会稳定、保障人民基本生活的最后一道"防护网"。

38

鳏居而又生活无着落，老年人想申请社会养老时，怎么办

农民王老爹已经70多岁了，中年丧偶，膝下无子。王老爹年轻时身体还好，靠耕种几亩田和打工挣钱维持生活。随着年龄的增长，身体日渐衰弱。一旦干不动了就意味着王老爹没有收入，他的生活也就出现危机了。起初，亲戚朋友都能帮王老爹解决一些生活上的实际困难，但是时间一长，王老爹的生活危机还是不间断地出现。人们虽然有心帮忙，却无能为力。王老爹越来越感觉到自己生活危机的严重性，心想自己无儿无女，连个兄弟姐妹都没有，如果政府不帮忙，自己也就只有坐在家里等死了。那么法律有没有这方面的规定呢？

据统计，我国农村有老年人1亿多，占全国人口的1/10强，并且还在不断增加。建立健全农村社会养老保障体系，是我国农村经济发展和社会进步的迫切需要。随着社会的发展，中国农民和农村老年人社会保障问题已经被提上日程。宪法第四十五条第一款规定，中华人民共和国公民在年老、疾病或者丧失劳动能力的情况下，有从国家和社会获得物质帮助的权利。国家发展为公民享受这些权利所需要的社会保险、社会救济和医疗卫生事业。老年人权益保障法第三条规定，国家和社会应当采取措施，健全对老年人的社会保障制度，逐步改善保障老年人生活、健康以及参与社会发展的条件，实现老有所养、老有所医、老有所为、老有所学、老有所乐。

王老爹可以依老年人权益保障法规定，向集体经济组织或民政部门申请帮助，以解决自己的养老问题。

小贴士

老年人权益保障法第二十条规定：国家建立养老保险制度，保障老年人的基本生活。

39

留守贫困乡村，老年人想寻求有关部门照顾时，怎么办

D村是位于贫困山区的一座小村落。随着城市化进程加快，村里大量青壮年人迫于生活压力丢下家里妻儿老小到大城市打工。徐老太的儿子前几年就随着过年回乡探亲的打工者一起到城市当建筑工人。后来，儿媳也到附近的城市去做保姆挣钱。两人收入都十分微薄。徐老太和5岁的小孙子一起留守在村子里相依为命。家里的几亩田地无人耕种，缺乏生活来源和劳动能力，徐老太的生活非常艰苦。

留守老人的养老问题面临着诸多困境，已成为一个值得全社会给予更多关注的社会现象。在国家社会保障制度还不健全的情况下，农村留守老人在养老问题上还是更多地寻求家庭成员的支持，以家庭养老为主。子女们要想方设法解决长辈们在生活照顾、情感交流和文化娱乐等方面的后顾之忧。政府、社会及家庭对老年人的关注和关心，推进农村社会保障事业。

徐老太的问题并不是个案，代表了农村现阶段存在的一个普遍问题。现有的社会保障措施尚待完善，在国家及各级政府的重视之下，农村养老问题将会逐步得以解决。当前，徐老太可以向农村集体经济组织寻求帮助。此外，许多欠发达地区的地方政府正在积极以各种方式促进本地就业，鼓励更多的农民回到故乡工作。这也是解决留守老人问题的好办法。

小贴士

老年人权益保障法第二十三条规定：农村的老年人，无劳动能力、无生活来源、无赡养人和扶养人的，或者其赡养人和扶养人确无赡养能力或者扶养能力的，由农村集体经济组织负担保吃、保穿、保住、保医、保葬的五保供养，乡、民族乡、镇人民政府负责组织实施。

40

申请五保供养，老年人被拒绝时，怎么办

年近古稀的农民老费，独自生活。儿子自己经营着一家餐馆，生活还算富裕，但儿媳总是嫌弃老费，老费再也拉不下老脸去找儿子要钱了，看见隔壁邻居老陈吃五保，老费心想既然儿子不给自己养老，自己何不学学邻居老陈，也吃五保。但是有一点老费就不清楚了，农村村民要求依法享有五保供养，是要具备一定条件的。

《农村五保供养工作条例》第六条规定：五保供养的对象是指村民中符合下列条件的老年人、残疾人和未成年人：（一）无法定扶养义务人，或者虽有法定扶养义务人，但是扶养义务人无扶养能力的。（二）无劳动能力的。（三）无生活来源的。农村村民中符合上述条件的老年人、残疾人和未成人依法享有五保供养救济权。

村民申请五保供养，首先应考虑自己是不是符合五保供养对象的条件。老费的儿子经营餐馆，收入颇丰。他是老费的法定扶养义务人，且有扶养能力。按照《农村五保供养工作条例》的规定，老费根本不能申请五保。

小贴士

《农村五保供养工作条例》第七条第三款规定："乡、民族乡、镇人民政府应当对申请人的家庭状况和经济条件进行调查核实；必要时，县级人民政府民政部门可以进行复核。申请人、有关组织或者个人应当配合、接受调查，如实提供有关情况。"

41

因债务牵连，五保老人生活费被截留时，怎么办

段大爷现今 70 多岁，膝下没有儿女，老伴死后一个人孤苦伶仃地生活，生活也不方便，后来邻居帮忙给他申请了五保，每个月可以领到一笔钱。可是后来发生了一件事情让段大爷非常头疼，段大爷由于以前的债务关系欠了村里王某 1000 多块钱，段大爷一直没有钱还给王某。王某说，如果段大爷再不还钱的话，他就每个月去村委，把段大爷的供养金给拿了来充抵债务，直到还清债务为止。段大爷听了之后非常担心，本来欠债还钱是天经地义的，可是如果自己少了生活费，那还怎么生活啊？

五保对象指农村中无劳动能力、无生活来源、无法定赡养扶养义务人或虽有法定赡养扶养义务人，但无赡养扶养能力的老年人、残疾人和未成年人。五保对象将在吃、穿、住、医、葬方面得到生活照顾和物质帮助。根据国家的相关法律法规，农村五保供养标准不得低于当地村民的平均生活水平，并根据当地村民平均生活水平

的提高适时调整。五保户的供养金是五保对象仅有的生活来源，任何人不得私自扣留。有关行政机关及其工作人员有贪污、挪用、截留、私分农村五保供养款物行为的，对直接负责的主管人员以及其他直接责任人员依法给予行政处分，构成犯罪的，依法追究刑事责任。本案中，虽然段大爷欠了王某 1000 多元钱，但是债务的清偿要以满足段大爷的基本生活为前提，只有当债务人在满足了基本生活需求的前提下，才有把多出来的钱用来清偿债务，而段大爷每个月的供养金对于段大爷而言，显然只是一个基本的生活保障金。王某不能拿段大爷的供养金来充抵债务。

小贴士

五保户的供养金是五保户仅有的生活来源，任何人不得私自扣留。

42

入住社会福利院，老年人想了解其基本条件与手续时，怎么办

沈甲现年 61 岁，无子女，无劳动能力，无收入来源，且有智力残疾，一直由她的妹妹沈乙照顾生活。沈乙是下岗职工，收入很少，养活自己都勉为其难，没有能力对姐姐进行扶养。沈乙想知道"三无"人员入住社会福利院的基本条件与手续时怎么样的？

"三无"人员是指无生活来源、无劳动能力、无法定赡养人的人员。社会福利院是目前为"三无"老年人提供安度晚年而设置的社会养老服务机构，目前在我国正处于发展时期，随着经济和社会的发展，越来越多的"三无"老年人可以入住到社会福利院。根据国家相关法律法规，社会福利院主要任务是收养市区"三无"老人、孤残儿童、弃婴，实行养、治、教并举的工作方针，保障困难群体的合法权益，维护社会稳定。"三无"人员属国家供养，财政给予拨付专项供养资金，他们可以申请入住福利院。具体程序为：个人向街道提出申请，街道核实盖章后报民政局，民政局认定后，若入住社会福利院，需报财政局审核。

沈乙可以拿申请书首先到向当地社区街道核实盖章，随后，去民政局办理相关手续。

老年人权益保障法第三十三条规定：国家鼓励、扶持社会组织或者个人兴办老年福利院、敬老院、老年公寓、老年医疗康复中心和老年文化体育活动场所等设施。地方各级人民政府应当根据当地经济发展水平，逐步增加对老年福利事业的投入，兴办老年福利设施。

43

复员军人生活困难，想寻求政府帮助时，怎么办

某县复员军人刘某，自 1959 年入伍，1963 年复员回乡参加农业生产，现已年逾 60 岁，身体多病，家有妻子和 3 个儿女，家庭生活困难。刘某从未向当地民政部门伸手要补助，后来刘某抱着试探口气向乡干部询问：复员军人年老多病、生活实在困难的，是否能依法申请国家补助？

我国相关法律规定，复员军人生活困难的，依法有权向当地县级民政部门申请生活补助。《军人抚恤优待条例》第四十四条规定："复员军人生活困难的，按照规定的条件，由当地人民政府民政部门给予定期定量补助，逐步改善其生活条件。"此外，《军人抚恤优待条例》第四十条还规定："残疾军人、复员军人、带病回乡退伍军人、烈士遗属、因公牺牲军人遗属、病故军人遗属承租、购买住房依照有关规定享受优先、优惠待遇。居住农村的抚恤优待对象住房困难的，由地方人民政府帮助解决。具体办法由省、自治区、直辖市人民政府规定。"

本案中刘某从军队复员后年老体弱且家庭生活困难，符合规定的补助条件，可依法向当地县级民政部门申请定期定量补助。

小贴士

《军人抚恤优待条例》第五条规定："国务院民政部门主管全国的军人抚恤优待工作；县级以上地方人民政府民政部门主管本行政区域内的军人抚恤优待工作。国家机关、社会团体、企业事业单位应当依法履行各自的军人抚恤优待责任和义务。"

44

军人伤残死亡有优待政策，家属要申领抚恤金时，怎么办

陆老爹一直生活在农村，儿子是中国人民解放军的一名战士，但在部队参与的一次救灾过程中，不幸牺牲了。陆老爹非常难过，自己就这么一个儿子，将来的生活可怎么办啊？

为了保障国家对军人的抚恤优待，激励军人保卫祖国、建设祖国的献身精神，加强国防和军队建设，国家对于军人因公受伤致残死亡有专门的抚恤政策。根据相关法律法规，现役军人死亡被批准为烈士、被确认为因公牺牲或者病故的，其遗属将享受抚恤待遇。现役军人死亡，由县级人民政府民政部门发给其遗属一次性抚恤金。对符合下列条件之一的烈士遗属、因公牺牲军人遗属、病故军人遗属，发给定期抚恤金：（一）父母（抚养人）、配偶无劳动能力、无生活费来源，或者收入水平低于当地居民平均生活水平的；（二）子女未满18周岁或者已满18周岁但因上学或者残疾无生活费来源的；（三）兄弟姐妹未满18周岁或者已满18周岁但因上学无生活费来源且由该军人生前供养的。县级以上地方人民政府对依靠定期抚恤金生活仍有困难的烈士遗属、因公牺牲军人遗属、病故军人遗属，可以增发抚恤金或者采取其他方式予以补助，保障其生活不低于当地的平均生活水平。当地的民政部门应该向陆老爹发放一次性抚恤金，另外还应当每月发放定期抚恤金。

小贴士

《军人抚恤优待条例》第十一条规定："对烈士遗属、因公牺牲军人遗属、病故军人遗属，由县级人民政府民政部门分别发给《中华人民共和国烈士证明书》、《中华人民共和国军人因公牺牲证明书》、《中华人民共和国军人病故证明书》。"

45

国家机关与事业单位工作人员死亡，遗属申请生活困难补助时，怎么办

姚大妈是农村居民，丈夫在市里的农业局上班，属于国家公务员。姚大妈很早以前就跟着丈夫从农村来到了城里，由于自己不识字，一直也找不到合适的工作，平时就在家里面料理家务。前不久，丈夫因为身患癌症去世了，姚大妈心里难受得不行。那么，像姚大妈这样的，以后生活怎么办呢？国家有相应的抚恤政策吗？

姚大妈的身份比较特殊，属于国家机关单位工作人员的遗属，根据国家的相关法律法规，国家机关、事业单位工作人员死亡以后，遗属生活有困难的，死者生前所在单位可以根据"困难大的多补助，困难小的少补助，不困难的不补助"的原则，给予定期或临时补助。遗属生活困难补助标准，一般以能维持当地群众生活水平为原则。遗属补助费按应享受遗属补助的人数和标准计算，其总额不得超过死者生前的工资。遗属在享受定期补助以后，如遇有特殊困难，死者生前所在单位，还可酌情给予临时补助。遗属生活困难补助费，由死者生前所在单位的经费内支付。姚大妈可以从她丈夫生前所供职的单位领取一定的困难补助费。

小贴士

作为国家机关工作人员的遗属领取一定的困难补助费只是姚大妈可以享受到的一种社会优抚，并不影响姚大妈去申请低保等其他社会福利。

46

人民警察因公伤残死亡，家属要申领抚恤金时，怎么办

崔大妈的儿子是一位人民警察，儿子在一次抓捕逃犯的过程中，由于是在铁路沿线，不幸被火车撞成重伤，送到医院不久后死亡。崔大妈十分难过，整个人几乎都崩溃了。儿子事后被追认为烈士，儿子所在公安局的领导亲自上门安慰崔大妈，并跟崔大妈说儿子的相关抚恤工作，单位一定会按标准落实好的。崔大妈就这么一个儿子，老伴也很早就去世了，现在失去了生活的依靠，崔大妈真的不知道该怎么办了。

为了做好人民警察的伤亡抚恤工作，激励人民警察献身公安事业，国家关于人民警察因公负伤、致残、死亡也有相应的优抚法规、政策。各级民政机关要充分发挥政府职能部门的作用，认真履行职责，严格执行现行优抚法规、政策，根据人民警察的工作性质，准确、及时办理人民警察的伤亡抚恤事宜。根据公安部和民政部颁发的《公安机关人民警察抚恤办法》的规定，人民警察死亡，根据死亡性质和本人死亡时的工资收入，由持证明书的死亡人民警察家属户口所在地的民政机关计发一次性抚恤金。人民警察死亡后，被批准为革命烈士，符合条件的，其家属可享受定期抚恤金。崔大妈可以向民政部门申请抚恤金，自己还可定期享受抚恤金。

小贴士

《公安机关人民警察抚恤办法》中对人民警察的各种抚恤办法有着明确的规定。

47

活到老学到老，老年人想上学继续接受教育时，怎么办

潘大爷和老伴退休多年，现今70多岁了。前不久他们的孙子考上了名牌大学，两位老人都非常开心，同时，他们又萌发了一个想法，他们也要上大学。如果老年人想上老年大学，应该怎么办呢？

宪法第四十六条规定："中华人民共和国公民有受教育的权利和义务。"老年人权益保障法第三十一条规定："老年人有继续受教育的权利。国家发展老年教育，鼓励社会办好各类老年学校。各级人民政府对老年教育应当加强领导，统一规划。"受教育权是宪法赋予每个人的一项基本权利，老年人也同样有这项权利。老年人继续受教育的主要形式是在各级老年大学或老年学校接受各方面的老年教育，实现"老有所学"的目标。通过上学，老年人也可以接受到新的知识，同时也丰富了自己的生活，充实了晚年生活。

对于各级政府来说，发展老年教育也是一项责任，各级人民政府要加强领导，在场地、经费等方面统一规划，加强老年教育机构的建设。对于子女来说，决不能觉得老年人上大学是一件没有意义的事情，应该尽可能地给予支持，满足老年人"老有所学"的愿望和要求。

小贴士

"老有所教"的正式提出是在《中国老龄事业发展"十二五"规划》中，而且此处所提的"教"，明确指出是"老有所教"。"老有所教"和"老有所学"是交集关系，前者属有组织、有计划的系统性老年教育，后者则更加宽泛和随意。

48

参观博物馆，老年人被拒绝享受优惠待遇时，怎么办

老邢是退休职工，现年70岁。退休之后，空闲时间多了，自己的身体也很硬朗，所以经常出去旅游。2010年"十一"长假期间，老邢参观一个美术馆，老邢拿着老年证问售票处的人自己能不能享有什么优惠政策，售票处的同志说，平时老年人是可以半价参观的，但现在是"十一"长假，参观人数多，所以美术馆暂停各种对特殊人群的优惠政策。老邢想不明白了，本来自己可以享受半票的，但现在却不行了，应该怎么办呢?

尊老爱老养老是中华民族的传统美德，国家法律、法规和规章等有不少对老年人优待和照顾的规定。老年人权益保障法第三十六条规定："地方各级人民政府根据当地条件，可以在参观、游览、乘坐公共交通工具等方面，对老年人给予优待和照顾。"文化部、国家文物局《关于公共文化设施向未成年人等社会群体免费开放的通知》指出，从2004年5月1日起，全国的文化、文物系统各级博物馆、纪念馆、美术馆要对持有相关证件的老年人等特殊群体，实行门票减免或优惠。各省市在制定老年人权益保障

法实施办法等地方性法规、政府规章时，一般都规定了老年人持相关证件可以优惠或优先购买相关票证，并能够优先上车、上船、登机，到医疗机构可以优先挂号就诊，优惠使用体育社会公共设施等方面的内容。只要规定了针对老年人的优惠内容，就应该坚决执行，决不能因为地点、时间等方面原因取消原本已经规定老年人相关优惠内容。该美术馆应当按照原本规定的对老年人半价售票的优惠政策执行，不能以参观人数多为理由取消对老年人的门票优惠政策。

小贴士

组织老年人进入老年大学，当然是最佳的"老有所教"，"老有所学"。实践证明，组织老年人参加"合唱团"、"合奏团"、"歌舞团"、"太极团"、"门球队"、"桥牌队"、"书法会"、"诗文会"等集体，也是值得提倡的社教活动。此外，组织老人观看电影、戏剧，参加旅游观光等活动，也是"老有所教"的组成部分。

49

五保供养金被克扣，老年人想拿回五保供养金时，怎么办

李老爹，现年73岁，无儿无女，生活一直比较困难，被民政部门批准为五保对象。乡政府委托老人所在村村民委员会负责老人五保供养金的发放工作。但后来村委会由于盖村委会办公室的需要私自截留、克扣老人的五保供养金。李老爹该怎么办？

依据《农村五保供养工作条例》的规定，违反本条例规定，村民委员会组成人员贪污、挪用、截留农村五保供养款物的，依法予以罢免职务；构成犯罪的，依法追究刑事责任。违反本条例规定，农村五保供养服务机构工作人员私分、挪用、截留农村五保供养款物的，予以辞退；构成犯罪的，依法追究刑事责任。违反本条例规定，村民委员会或者农村五保供养服务机构对农村五保供养对象提供的供养服务不符合要求的，由乡、民族乡、镇人民政府责令限期改正；逾期不改正的，乡、民族乡、镇人民政府有权终止供养服务协议；造成损失的，依法承担赔偿责任。李老爹可以向乡政府反映、检举，乡政府应当依照《农村五保供养工作条例》规定，严肃处理村委会干部挪用、截留农村五保供养金的违法行为，并向李老爹如数发放被克扣的五保供养金。

小贴士

《农村五保供养工作条例》第十八条规定："县级以上人民政府应当依法加强对农村五保供养工作的监督管理。县级以上地方各级人民政府民政部门和乡、民族乡、镇人民政府应当制定农村五保供养工作的管理制度，并负责督促实施。"

50

退休后再就业，老年人想知道国家有否限制措施时，怎么办

宋老师现年 61 岁，退休前是一名中学教师。宋老师非常热爱教育事业，工作 30 多年，可谓是桃李满天下。现在虽然退休了，宋老师还是觉得自己有精力继续教书。前段时间，一个教育辅导机构找到了宋老师，想聘请宋老师担任他们辅导机构的教师，主要针对高中学生的数学辅导，并支付合理报酬，宋老师心里还是很想去的，但又担心现在退休了，想重新回到工作岗位，国家有没有什么限制的。那么老年人想再就业的，应该怎么办呢？

退休养老是老年人享有的一种权利。但按照法定年龄退休只是离开现职岗位，而不是劳动的终止。一部分有劳动能力的退休人员继续参加社会劳动和再就业，应受到社会的支持和关注，他们的劳动权利，应受到法律保障的。老年人权益保障法第四十一条规定，国家应当为老年人参与社会主义物质文明和精神文明建设创造条件。根据社会需要和可能，鼓励老年人在自愿和量力的情况下，从事下列活动：（一）对青少年和儿童进行社会主义、爱国主义、集体主义教育和艰苦奋斗等优良传统教育；（二）传授文化和科技知识；（三）提供咨询服务；（四）依法参与科技开发和应用；（五）依法从事经营和生产活动；（六）兴办社会公益事业；（七）参与维护社会治安、协助调解民间纠纷；（八）参加其他社会活动。

宋老师只要有能力继续工作的，就可以去该教育辅导机构上班，国家保护他再就业期间的各项合法权利。

小贴士

老年人权益保障法第四十二条规定："老年人参加劳动的合法收入受法律保护。"

第五章

权益维护

——定分止争　法乃公器

　　【导语】西方法谚有云："无救济即无权利。"权利受到侵害时的救济途径基本上可以分为两类：私力救济和公力救济。私力救济是指权利主体在法律许可范围内，依自身实力通过实施自卫或自助行为救济被侵害的民事权利，如正当防卫、紧急避险等。公力救济是指国家机关依权利人请求运用公权力对被侵害权利实施救济，包括司法和行政救济，其中最重要形式是民事诉讼。

1

合法权益受到侵害，老年人想采取防范措施时，怎么办

楼下李大爷将空调室外机安在了距楼上黄大爷家窗户很近的位置，空调一开，室外机就向黄家窗户里排热气。黄大爷该怎么办呢？

本案中黄大爷家的正常生活因李家空调外机排放热气而受干扰，为两套相邻房屋权利人间的相邻关系纠纷。合法权益受侵害时老年人可从不同途径维权。

其一，自我维护，力求和解。老年人权益遭侵害时，最好是心平气和地和对方协商解决，既要据理力争，让对方认识错误而主动停止侵害；又要注意自我保护，善于避让危险，无法自我维权要尽快寻求外力帮助。

其二，请亲戚帮助调停。当子女等家庭成员侵害老年人合法权益时，可考虑请亲戚调停，争取将矛盾解决在家庭内部，避免外力解决影响家庭和睦。

其三，请相关部门调解。可请村民委员会、社区及乡镇、街道或当地人民调解、老龄工作委员会等调解。在受暴力侵犯时，最好马上报案，寻求公安机关保护。

其四，申请仲裁或向法院起诉。若老年人和对方都同意仲裁，可向约定好的仲裁机构申请仲裁。不愿仲裁的，可向法院起诉。

另外，还可控告或申诉。控告是向有关国家机关（公安、检察院等）或侵害人主管单位控诉或揭发其侵犯老年人权益的事实，要求依法处理。而申诉是老年人对有关本身权益问题，向国家机关、有关团体、组织申诉理由提请处理，包括诉讼上的申诉和非诉讼上的申诉两种。

本案中黄大爷首先可心平气和地和李大爷协商，若李家不同意改变空调外机安装位置，还可请邻居、居民委员会及人民调解员等出面调解，还是不行，可向当地基层法院起诉讼。

老年人权益保障法第四十三条规定： 老年人合法权益受到侵害的，被侵害人或者其代理人有权要求有关部门处理，或者依法向人民法院提起诉讼。

2

实施自我保护，老年人想掌握一些保护办法时，怎么办

方大爷和老伴靠经营包子铺维持生计，李某吃了两笼小笼包后不付钱就要走，他们该怎么办呢？

老年人对自己合法权益的自我保护又称私力救济，是权利人自己采取各种合法手段来保护其权利，包括自卫和自助行为。

自卫行为，是为使权利免受不法侵害而采取的防卫或躲避措施，包括正当防卫与紧急避险。正当防卫是为保护国家、公共利益、他人或本人合法权益免受正在进行的不法侵害，对不法侵害者采取的不超过必要限度的制止性的自卫行为。紧急避险则是指为使国家、公共利益、本人或他人人身、财产和其他权利免受正在发生的危险，不得已采取的紧急避险行为，造成损害的，一般不负法律责任。而自助行为，是权利人在权利受到不法侵害或有受不法侵害的危险，在情势紧迫而不能及时请求国家机关予以救助时，依自

身力量，对他人财产或人身自由施加扣押、拘束或其他相应措施的行为。自助行为需是为保护权利人的合法权益，需情势紧迫而又不能及时请求国家机关予以救助，所采取的措施须为法律和社会公德所认可的强制措施，需不得超过必要限度，需事后及时提请有关部门处理。

由上介绍可知，本案中方大爷和老伴在李某在吃完包子不付钱就要走时，首先可采取一些适当的自助行为，如采取措施不让李某离开，并及时拨打报警电话。

小贴士

刑法第二十条、民法通则第一百二十八条与刑法第二十一条、民法通则第一百二十九条分别对正当防卫与紧急避险作了规定。

3

发生权益纠纷，老年人想和他人和解时，怎么办

赵大爷饲养的小狗将邻居李大爷家门前鸟笼里的鸟咬死了，赵大爷不想因此和李大爷的关系闹僵，怎么办才好呢?

本案涉及和解的问题。"和解"是在没有第三者参加的情形下，由民事纠纷事人约定互相让步或者一方让步，以解决双方的争执的活动。目前，国内人们所采取的"和解"主要可分为诉讼前的和解与诉讼中的和解。诉前和解是在诉讼前，双方当事人互相协商达成协议，解决双方争执。和解成立后，当事人所争执的权利即归确定，所抛弃的权利随即消失，当事人不得任意反悔要求撤销。诉中和解，则是当事人在诉讼进行中互相协商，达成协议，解决双方争执。这种和解不问诉讼程序进行如何，凡在法院判决前，都可进行。可就整个诉讼标的，也可就诉讼上的个别问题达成协议。诉中和解协议经法院审查批准，当事人签名盖章，即发生效力，结束诉讼程序的全部或一部。结束全部程序的，即视为当事人撤销诉讼。

本案中两位老人是邻居，整天抬头不见低头见，为避免邻里间关系闹僵，赵大爷可主动去找李大爷和解，两人可在一起心平气和地协商，赵大爷可主动提出向李大爷赔偿其小鸟死亡的损失或买一只同类的小鸟。

小贴士

民事诉讼法第五十一条规定："双方当事人可以自行和解。"

4

发生权益纠纷，老年人想参与调解时，怎么办

邻居张三与李四因宅基地发生纠纷，大家都不想诉讼，村里德高望重的卢大爷了解情况后愿意为两人从中说和，张三、李四也都同意。卢大爷从中说和时要注意些什么呢？

本案中卢大爷的从中说和，就是通常所说的调解，是由产生纠纷的当事人以外的第三者采取说服、教育、疏导、感化等多种方法，出面主持纠纷关系双方当事人，在平等自愿的基础上，本着互谅互让精神，就纠纷事宜进行协商，心平气和地解决彼此间纠纷的活动方式。通过调解解决纠纷可克服诉讼所带来的双方关系的不可调和性。大家聚在一起，在第三者主持下，心平气和地摆事实讲道理，协商解决争议，双方不伤太大和气，纠纷解决后依然是朋友或亲戚。此外，调解可防止矛盾激化、演变成更为严重的纠纷甚至是犯罪。

本案中卢大爷在调解张三、李四之间的宅基地纠纷时，要注意坚持调解的自愿性和合法性原则。其中，自愿性原则指的是当事人参加调解需出于完全自愿，不得有任何强迫性渗透其中，具体包括选择调解的自愿、调解过程的自愿、达成协议的自愿等。调解的合法性是指调解需依法进行，不能违反任何法律、法规的规定，不能因调解自愿就不顾及原则。

小贴士

我国的调解主要有法定调解和非组织的民间调解。法定调解又分为法院调解、仲裁调解、行政调解、人民调解等。非组织性的民间调解是由纠纷双方当事人的同事、亲友、邻居等自发的、临时性的调解，是一种无组织的民间调解。调解还可分诉讼内与诉讼外调解。法院调解即诉讼内调解，诉讼外调解包括人民调解委员会调解、仲裁调解、行政调解、律师调解、亲友邻居调解等。

5

发生权益纠纷，老年人想请人民调解委员会调解时，怎么办

70多岁的李某夫妇以两个儿子给的赡养费为生活来源，现大儿子以生意赔本为由不再支付赡养费，小儿子也跟着停止支付。夫妇俩想请调解员调解，但两个儿子和他们不住同一地方，该找哪儿的调解员呢？

2010年8月28日第十一届全国人民代表大会常务委员会第十六次会议通过的人民调解法规定，本法称人民调解，是指人民调解委员会通过说服、疏导等方法，促使当事人在平等协商基础上自愿达成调解协议，解决民间纠纷的活动。人民调解委员会是依法设立的调解民间纠纷的群众性组织。村民委员会、居民委员会设立人民调解委员会。企业事业单位根据需要设立人民调解委员会。当事人可以向人民调解委员会申请调解；人民调解委员会也可以主动调解。当事人一方明确拒绝调解的，不得调解。基层人民法院、公安机关对适宜通过人民调解方式解决的纠纷，可以在受理前告知当事人向人民调解委员会申请调解。

本案中的李某夫妇因儿子不付赡养费想申请人民调解，按一般原则，应由被申请人即两个儿子所在地人民调解组织调解，但一方面两个儿子和他们不住在同一地方，另一方面李某夫妇年事已高不便来回奔波，故可由申请人即李某夫妇所在地调解组织调解。

小贴士

人民调解法第四条规定："人民调解委员会调解民间纠纷，不收取任何费用。"

6

发生权益纠纷，老年人想知道哪些可以申请人民调解时，怎么办

伍奶奶在公路边步行被王某无证驾驶两轮摩托车撞伤，后被送往医院治疗。在伍奶奶尚处于昏迷状态下，交警部门正在处理此案时，王某能要求当地人民调解委员会调解吗？

本案受害人伍奶奶认为，交通事故发生后，交警部门已受理，依照司法部《人民调解工作若干规定》第二十二条规定，当地人民调解委员会不能受理。而加害人王某则认为，当地交警部门虽已受理此案，但交警部门的调解是要根据双方当事人的申请，而本案双方当事人并未申请交警部门调解，故此案并没在交警部门调解之中，当地人民调解委员会的调解符合法律规定，程序合法。一审法院认为双方在请求人民调解委员会调解之前，没有申请交警部门调解，不属交警部门已立案调解的案件，当地调解委员会对该事故进行调解，程序上不违法。

依照《司法部人民调解工作若干规定》规定，该交通事故发生后，当地交警部门虽已受理，且对事故正在进行调查和作出交通事故认定处理之中，但在双方请求人民调解委员会调解之前，双方当事人对损害赔偿并没有申请公安机关调解，不属公安机关已立案调解的案件。当地人民调解委员会依双方当事人申请对该交通事故损害赔偿进行调解，程序上并不违法。伍奶奶称当地人民调解委员会受理该纠纷所作调解协议属程序违法的理由不能成立。

小贴士

司法部《人民调解工作若干规定》第二十二条规定："人民调解委员会不得受理调解下列纠纷：（一）法律、法规规定只能由专门机关管辖处理的，或者法律、法规禁止采用民间调解方式解决的；（二）人民法院、公安机关或者其他行政机关已经受理或者解决的。"

7

人民调解活动中，老年人想知道当事人享有哪些权利与义务时，怎么办

孙大爷在自家屋旁小路上堆放了大量石子，严重影响到邻居刘奶奶家通行，经刘奶奶几次协商，他都不同意搬走石子。当地村民委员会调解主任老林及另两名调解员将孙大爷和刘奶奶召集到一起进行调解。但孙大爷态度蛮横，拒不认错，甚至出口伤人。老林于是将孙大爷关在村调解室，并找来拖拉机，到孙大爷家将路旁石子全部拉到村前空地。调解员的做法是否侵犯了孙大爷的权利？

人民调解法第二十三条规定，当事人在人民调解活动中享有下列权利：（一）选择或者接受人民调解员；（二）接受调解、拒绝调解或者要求终止调解；（三）要求调解公开进行或者不公开进行；（四）自主表达意愿、自愿达成调解协议。

本案中，尽管孙大爷在接受调解时出口伤人是错误的，但村调解主任的做法则侵犯了孙大爷的人身和财产权利，构成违法。在调解纠纷过程中，发现纠纷有可能激化的，应当采取有针对性的预防措施；对有可能引起治安案件、刑事案件的纠纷，应当及时向当地公安机关或者其他有关部门报告。

小贴士

人民调解法第二十六条规定："人民调解员调解纠纷，调解不成的，应当终止调解，并依据有关法律、法规的规定，告知当事人可以依法通过仲裁、行政、司法等途径维护自己的权利。"

8
接受人民调解，老年人想知道调解要走哪些程序时，怎么办

某船厂家属院内，因孙女王香与邻居李婆婆发生争执，王大爷与李婆婆的丈夫郭大爷大打出手。李婆婆与郭大爷想找厂调解委员会调解，要走哪些程序呢？

人民调解法第四章规定了调解程序。规定的调解程序如下：

一是申请和受理。当事人可以向人民调解委员会申请调解，人民调解委员会也可以主动调解。当事人一方明确拒绝调解的，不得调解。基层人民法院、公安机关对适宜通过人民调解方式解决的纠纷，可以在受理前告知当事人向人民调解委员会申请调解。

二是指定调解员。人民调解委员会根据调解纠纷的需要，可以指定一名或者数名人民调解员进行调解，也可以由当事人选择一名或者数名人民调解员进行调解。

三是实施调解。人民调解员根据纠纷的不同情况，可以采取多种方式调解民间纠纷，充分听取当事人的陈述，讲解有关法律、法规和国家政策，耐心疏导，在当事人平等协商、互谅互让的基础上提出纠纷解决方案，帮助当事人自愿达成调解协议。

四是达成协议或终止调解。经人民调解委员会调解达成调解协议的，可以制作调解协议书。当事人认为无须制作调解协议书的，可以采取口头协议方式，人民调解员应当记录协议内容。人民调解员调解纠纷，调解不成的，应当终止调解，并依据有关法律、法规的规定，告知当事人可以依法通过仲裁、行政、司法等途径维护自己的权利。

五是立卷归档。人民调解员应当记录调解情况。人民调解委员会应当建立调解工作档案，将调解登记、调解工作记录、调解协议书等材料立卷归档。

小贴士

人民调解法第二十一条规定："人民调解员调解民间纠纷，应当坚持原则，明法析理，主持公道。调解民间纠纷，应当及时、就地进行，防止矛盾激化。"

9

签署调解协议，老年人想知道调解协议有什么效力时，怎么办

六楼赵奶奶家的一个花盆被一阵狂风从阳台上刮了下来，砸坏了邻居钟大爷家停在楼下的一辆新买来的摩托车，花去300多元修车费。两家为赔偿问题发生了纠纷，后来双方在社区人民调解委员会的调解下，基本达成共识。钟大爷想知道，双方签署的调解协议，是否有法律效力？

调解协议是指发生民事纠纷的当事人双方在第三方人民调解委员会的主持下，本着平等、自愿的原则，为解决民事纠纷而达成的具有民事权利义务内容，并由当事人双方签字或盖章的书面协议。调解协议书可以载明下列事项：（一）当事人的基本情况；（二）纠纷的主要事实、争议事项以及各方当事人的责任；（三）当事人达成调解协议的内容，履行的方式、期限。调解协议书自各方当事人签名、盖章或者按指印，人民调解员签名并加盖人民调解委员会印章之日起生效。调解协议书由当事人各执一份，人民调解委员会留存一份。口头调解协议自各方当事人达成协议之日起生效。

人民调解法第三十一条明确规定："经人民调解委员会调解达成的调解协议，具有法律约束力，当事人应当按照约定履行。人民调解委员会还应当对调解协议的履行情况进行监督，督促当事人履行约定的义务。"

小贴士

人民调解法第三十三条第二款规定："人民法院依法确认调解协议有效，一方当事人拒绝履行或者未全部履行的，对方当事人可以向人民法院申请强制执行。"

10

签署调解协议后，老年人想反悔时，怎么办

王奶奶被他人汽车撞伤后，肇事方与王奶奶的丈夫郑大爷在人民调解委员会的调解下，签署了调解协议，肇事方向王奶奶支付医疗费、营养费等赔偿款 1.2 万元。王奶奶知道后觉得不公平，不愿意接受调解协议，该怎么办呢？

调解协议是指发生民事纠纷的当事人双方在第三方人民调解委员会的主持下，本着平等、自愿的原则，为解决民事纠纷而达成的具有民事权利义务内容，并由当事人双方签字或盖章的书面协议。依据人民调解法第三十一条的规定，经人民调解委员会调解达成的调解协议，具有法律约束力，当事人应当按照约定履行。人民调解委员会还应当对调解协议的履行情况进行监督，督促当事人履行约定的义务。

经人民调解委员会调解达成调解协议后，双方当事人认为有必要的，可以自调解协议生效之日起 30 日内共同向人民法院申请司法确认，人民法院应当及时对调解协议进行审查，依法确认调解协议的效力。人民法院依法确认调解协议有效，一方当事人拒绝履行或者未全部履行的，对方当事人可以向人民法院申请强制执行。人民法院依法确认调解协议无效的，当事人可以通过人民调解方式变更原调解协议或者达成新的调解协议，也可以向人民法院提起诉讼。

王奶奶与肇事方认为有必要，可以自调解协议生效之日起 30 日内共同向人民法院申请司法确认。

小贴士

人民调解法第三十二条规定："经人民调解委员会调解达成调解协议后，当事人之间就调解协议的履行或者调解协议的内容发生争议的，一方当事人可以向人民法院提起诉讼。"

11

发生权益纠纷，老年人想去人民法院调解时，怎么办

魏某拖欠田奶奶半年房租、水电费等，并在田奶奶催讨时找借口要求减免并拒绝支付，田奶奶想请当地法院的法官出面调解，该怎么办呢？

田奶奶的问题涉及有关法院调解的相关事宜。法院调解，是人民法院在诉讼中对已受理的民事、刑事附带民事、刑事自诉等案件，在法官主持下，对双方当事人的争议，根据自愿和合法的原则用平等协商的方法解决和结案的方式。

法院调解的开始，一般由当事人提出申请，法院也可依职权主动提出建议，在征得当事人同意后开始调解。法院调解应在当事人参加下进行，原则上采取面对面形式。根据《最高人民法院关于人民法院民事调解工作若干问题的规定》，法院根据需要也可对当事人分别做调解工作。调解的进行，当事人可亲自参加，也可委托诉讼代理人代为进行调解，离婚案件原则上应由当事人亲自参加调解。调解方案原则上应由当事人自己提出，主持调解的人员也可提出调解方案供当事人协商时参考。双方当事人经过调解，达成调解协议，法院应将调解协议做记录，并由当事人或经授权的代理人签名。调解因当事人拒绝继续调解或双方达成协议而结束。

本案中田奶奶可先向法院起诉，在法院案件受理之后开庭之前以及其后的诉讼各阶段，田奶奶都可请求法院调解，只要魏某同意调解，并与田奶奶就所拖欠房租、水电费能否减免及具体支付数额、支付时间等达成一致意见，就可调解结案。

小贴士

调解不是一切案件的必经程序。对于有可能通过调解解决的民事案件，人民法院应当调解。但适用特别程序、督促程序、公示催告程序、破产还债程序的案件，婚姻关系、身份关系确认案件以及其他依案件性质不能进行调解的民事案件，人民法院不予调解。

12

接受人民法院的调解，老年人想知道调解书内容与效力时，怎么办

老郑与老吴因借贷纠纷起诉到法院，在法官调解下，双方签署了调解协议。法院根据调解协议制作了民事调解书，并向双方当事人送达。老郑签收了，但老吴却迟迟不签收。该民事调解书何时生效？

调解书是法院制作的记载当事人调解协议内容的法律文书。调解达成协议，除法律规定情形外，人民法院应当制作调解书。调解书一般由首部、内容与尾部三大部分构成，内容部分包括诉讼请求、案件事实与调解结果。

调解书经双方当事人签收后，即具有法律效力。调解书不适用留置送达和公告送达，而应直接送达给当事人本人，由其签收。送达时当事人不签收即不生效，仅一方签收，也不生效。当事人拒绝签收就视为反悔，法院应依法判决。本案中的民事调解书需由老郑和老吴都签收才生效。调解书生效日期应以最后收到调解书的当事人的签收日期为准。

生效的调解书具有强制执行力，若一方无正当理由拒不执行生效的调解书时，对方可申请法院强制执行。

小贴士

为防止调解书不能同时送达双方当事人而引起麻烦，法院主持达成调解协议后，最好立即根据调解协议制作调解书发给双方当事人。当调解书确实不能同时送达双方当事人时，应告知先收到调解书的一方当事人待另一方签收后调解书才生效。不然，一方当事人签收调解书后以为已经生效，按调解书行事，而后收到调解书的一方反悔，就会给法院造成工作上的被动。

13

发生权益纠纷，老年人想请仲裁机构调解时，怎么办

范大爷与小王之间因房屋买卖纠纷而申请当地仲裁机构仲裁，在仲裁过程中，双方想调解，仲裁机构可以调解吗？仲裁调解的相关事宜是什么？

仲裁调解是我国仲裁机关解决民事争议的一种重要形式，是在查清事实、分清责任的基础上，促使纠纷当事人平等协商、互相谅解、自愿达成协议，并具有一定法律效力的非诉讼活动。仲裁调解主要涉及合同纠纷。仲裁调解应遵循自愿、依法、平等、回避等基本原则。

仲裁调解的程序如下：（一）调解开始。只能由当事人申请。仲裁机构调解时可用简便方式通知当事人、证人到庭，当事人应到庭而不能到庭的，可由经过特别授权的委托代理人到场。对民事案件，在仲裁开始后、作出裁决前都可进行调解。（二）主持调解。一般而言，简易案件，调解由仲裁员一人主持；较复杂案件，调解由仲裁庭主持。三、制作仲裁调解协议和调解书。仲裁调解协议是双方当事人经过自愿协商，对权利和义务达成的协议；调解书是仲裁机构根据仲裁调解协议的内容制作的法律文书。

范大爷与小王需在仲裁机构的仲裁裁决作出之前申请调解，调解不是仲裁的必经程序，有些案件当事人不愿调解，仲裁机构也不能强求当事人调解。

小贴士

仲裁调解书经双方当事人签收后，即发生与裁决书同等的法律效力。若负有义务的当事人不自动履行义务，对方有权向法院申请求强制执行。

14

权益受到侵害，老年人想请政府部门调解时，怎么办

　　文大爷为避免自己饲养的画眉鸟被邻居潘女士饲养的宠物狗的狂吠声惊吓，在驱赶该狗时被咬伤，潘女士一直拒绝赔偿，文大爷想找相关政府部门评评理，该找谁呢？

　　本案中的文大爷其实是想找行政机关对自己与潘女士的纠纷进行行政调解。行政调解是在国家行政机关的主持下，指以当事人双方自愿为基础，由行政机关主持，以国家法律、法规及政策为依据，以自愿为原则，通过对争议双方的说服与劝导，促使双方当事人互让互谅、平等协商、达成协议，以解决有关争议而达成和解协议的活动。

　　行政调解主要有以下几类：（一）基层人民政府的调解。调解民事纠纷和轻微刑事案件一直是基层人民政府的一项职责，这项工作主要是由乡镇人民政府和街道办事处的司法助理员负责进行。（二）国家合同管理机关的调解。法人之间和个体工商户，公民和法人之间的经济纠纷，都可以向工商行政管理机关申请调解。（三）公安机关的调解。治安管理处罚法规定，对于因民间纠纷引起的打架斗殴或者损毁他人财物等违反治安管理行为，情节较轻的，公安机关可以调解处理。经公安机关调解，当事人达成协议的，不予处罚。四、婚姻登记机关的调解。婚姻法规定，男、女一方提出离婚，可由有关部门进行调解或直接向人民法院提出离婚诉讼。

　　文大爷可以找乡镇人民政府和街道办事处的司法助理员主持调解。

小贴士

　　侵权责任法第七十八条规定："饲养的动物造成他人损害的，动物饲养人或者管理人应当承担侵权责任，但能够证明损害是因被侵权人故意或者重大过失造成的，可以不承担或者减轻责任。"

15

接受行政调解，老年人想了解调解的基本程序时，怎么办

邻居袁奶奶一直拖欠孙大爷5年前就应偿还的一笔借款，因已过诉讼时效，孙大爷想找当地镇政府司法助理员主持调解，想知道行政调解的程序是怎么的？

行政调解的基本程序如下：（一）受理纠纷。受理纠纷不论是主动的还是依法申请的，一般并无期限的明确规定。法律规定有期限的，自应按规定执行；没有期限的，行政调解机关不得以各种借口拒绝调解。申请人提出的申请可以是书面的，也应当允许口头申请。（二）调查情况。行政调解机关受理纠纷后，除情节简单、事实清楚、是非明确的纠纷可即时调解外，一般要做调解前的调查工作。（三）拟订调解方案。行政调解机关在调查之后，拟订出调解方案。（四）实施调解。最重要的是对当事人进行说服、劝导、教育工作。要根据纠纷的不同类型和特点，选择适当的调解方法和技巧，做耐心细致的思想工作，使当事人之间的认识趋向一致。（五）促成和解。当事人一旦在原则问题上统一了认识，具备了妥协的思想基础时，调解机关就必须抓住时机，促成双方和解，谋求达成协议。凡需要制成调解书的，调解书送达完成，就结束了行政调解的全过程。

当事人申请调解已超过民法通则规定的诉讼时效的民事纠纷或行政赔偿、行政补偿的纠纷，行政调解机关不能因时间久远而拒绝受理。为保护当事人利益，维护社会安定团结，调解机关应积极受理。

小贴士

行政调解活动中始终要坚持合法、合理、自愿平等、尊重当事人要求等基本原则。

16
消费者权益受到侵害，老年人想请消费者协会调解时，怎么办

陈大爷购买了一台高级相机，但第一次使用时就出现快门无法打开的故障，与店方协商退换不成，陈大爷想请市消费者协会调解，可以吗？

我国消费者权益保护法规定，消费者争议可通过消费者协会调解解决。消协受理投诉的范围主要包括：依消费者权益保护法关于"经营者的权利"的9项规定，受理消费者受损害的投诉；依消费者权益保护法关于"经营者的义务"的10项规定，受理消费者对经营者未履行法定义务的投诉；受理农民购买、使用直接用于农业生产的种子、化肥、农药、农膜、农机具等生产资料其权益受到损害的投诉。

消费者协会对消费者权益争议的调解一般按以下程序进行：消费者提起调解请求或投诉；消费者协会接受调解请求或投诉；调查、了解情况，搜集证据；组织调解；制作调解书。

需要注意的是，消费者协会主持调解所达成的协议不具有强制执行力，如果一方或者双方对调解协议反悔的，就需要采取别的解决方式。

小贴士

消协不予受理的投诉包括：经营者之间购、销方面的纠纷，消费者个人私下交易的纠纷，商品超过了法律规定或商家约定的保修期和保证期，商品标明是"处理品"的（没有真实说明处理原因的除外）；未按商品使用说明安装、使用、保管或自行拆动而导致商品损坏或人身危害的，被投诉方不明确的，争议双方曾达成调解协议并已执行且没有新情况、新理由的，法院、仲裁机构或有关行政部门已受理调查和处理的，不符合国家法律、法规有关规定的。

17

面临纠纷想仲裁，老年人不懂仲裁做法时，怎么办

毕大爷发现自己和开发商签订的商品房购买合同中规定，一旦发生纠纷只能提交 A 市仲裁委员会仲裁，不能向法院起诉，不觉紧张起来。毕大爷想询问仲裁到底是怎么一回事，发生纠纷只能仲裁，不能提起民事诉讼，会不会对自己不利？

仲裁是指纠纷当事人在纠纷发生前或纠纷发生后自愿达成书面协议，将发生争议的事项交给一定的非司法机构的第三者审理，并由其居中作出对当事人双方均有约束力的裁决的一种解决纠纷的制度。我国已将仲裁作为一种解决经济纠纷的方式以法律的形式进行了确认。

仲裁法是由国家制定或认可的，规定仲裁机构和仲裁员以及其他仲裁参加人在仲裁活动中必须遵守的行为准则的各种仲裁法律制度的总和。我国于 1994 年通过了仲裁法。

仲裁既能一次性地解决纠纷，又具有简便、快捷、经济的特点，作为一种行之有效的纠纷解决方式，越来越受当事人的青睐。现在很多合同文本中都将仲裁作为一种纠纷解决方式提供给当事人选择。

仲裁是国家法律确认的一种用来解决民商事纠纷的方法。当事人在签订合同时可约定如果发生纠纷可选择某一仲裁委员会作为纠纷的解决机构，也可选择民事诉讼，仲裁和民事诉讼一样，都是解决纠纷的途径。因此，毕大爷的担心是多余的，如果就此次购房发生纠纷，毕大爷可通过向 A 市仲裁委员会申请仲裁来保护自己的权利。

小贴士

《中华人民共和国仲裁法》共分八章、八十条。第一章为总则，包括立法目的、仲裁范围、仲裁原则等内容；第二章为仲裁委员会和仲裁协会；第三章为仲裁协议；第四章为仲裁程序，包括申请和受理、仲裁庭的组成、开庭和裁决；第五章为申请撤销裁决；第六章为执行；第七章为涉外仲裁的特别规定；第八章为附则。本法自 1995 年 9 月 1 日起施行。

18 面临纠纷想仲裁，老年人想知道仲裁范围时，怎么办

王奶奶与王大爷姐弟俩因父亲留下来的一套房屋如何继承而发生纠纷，共同到市仲裁委申请仲裁，但工作人员却说不能仲裁，不予受理。那么，哪些纠纷可以申请仲裁，哪些不可以？

本案涉及仲裁的适用范围问题。依据仲裁法的规定，平等主体的公民、法人和其他组织之间发生的合同纠纷和其他财产权益纠纷，可以仲裁。合同纠纷主要包括因买卖合同，供用电、水、气、热力合同，赠与合同，借款合同，租赁合同，融资租赁合同，承揽合同，建设工程合同，运输合同，技术合同，保管合同，仓储合同，委托合同，行纪合同及居间合同发生的纠纷。下列纠纷不能仲裁：（一）婚姻、收养、监护、扶养、继承纠纷；（二）依法

应当由行政机关处理的行政争议。

王家姐弟之间发生纠纷涉及的房屋是他们父亲留下的遗产，对因遗产的分配而发生的纠纷涉及人身关系，因而只能向有管辖权的人民法院起诉，而不能向某仲裁委员会提起，因此仲裁机关对这起房屋继承纠纷案件不予受理是正确的。

小贴士

仲裁法第二十一条规定："当事人申请仲裁应当符合下列条件：（一）有仲裁协议；（二）有具体的仲裁请求和事实、理由；（三）属于仲裁委员会的受理范围。"

19 接受仲裁后，老年人又想去法院起诉时，怎么办

赵奶奶与钟大爷之间因买卖房屋发生纠纷后，在接受当地仲裁委的裁决后，赵奶奶认为该裁决对自己不利，想上法院起诉，可以吗？

仲裁法规定仲裁实行一裁终局的制度，即仲裁机构对当事人提交的案件作出裁决后即具有终局的法律效力，双方当事人必须主动履行仲裁裁决，而不得要求原仲裁机关或其他仲裁机关再次仲裁或向人民法院起诉，也不得向其他机关提出变更仲裁裁决的请求。如果当事人就同一纠纷再申请仲裁或向法院起诉的，仲裁委员会或法院不予受理，其仲裁裁决即发生法律效力。

为了确保一裁终局制度的执行，仲裁法第六十二条规定："当事人应当履行裁决。一方当事人不履行的，另一方当事人可以依照民事诉讼法的有关规定向人民法院申请执行。受申请的人民法院应当执行。"仲裁法赋予仲裁裁决与人民法院终审判决相当的法律效力。

一裁终局制度充分体现了仲裁的自愿原则，尊重当事人的意愿，最终以仲裁途径解决争议。一裁终局制度也有利于便捷、简便地解决经济纠纷，充分显示仲裁的优点，也使仲裁更具有法律权威性。

本案中赵奶奶如果上法院起诉，法院不会受理，因为它违反了仲裁法一裁终局的制度。本案中赵奶奶如认为该仲裁裁决不公正，可向人民法院申请撤销裁决或裁定不予执行，然后可再达成书面仲裁协议重新申请仲裁，如达不成新的仲裁协议，也可向法院起诉，但不能直接起诉。

小贴士

仲裁法第九条规定："仲裁实行一裁终局的制度。裁决作出后，当事人就同一纠纷再申请仲裁或者向人民法院起诉的，仲裁委员会或者人民法院不予受理。裁决被人民法院依法裁定撤销或者不予执行的，当事人就该纠纷可以根据双方重新达成的仲裁协议申请仲裁，也可以向人民法院起诉。"

20

签订仲裁协议，老年人想知道其签订程序与手续时，怎么办

赵大爷与金女士在他们的商品房买卖合同中约定："凡与本合同履行所产生的以及与本合同有关的一切争议，提交 A 市仲裁委员会或 B 市仲裁委员会仲裁。"这样约定可以吗？

仲裁协议是双方当事人表示愿意将他们之间可能发生或已经发生的经济纠纷和其他财产权益纠纷提交仲裁机构仲裁的共同意思表示。该协议是仲裁机构受理特定合同争议的法律依据，对协议双方当事人有法律约束力，是强制执行仲裁裁决的前提条件之一。

一个完备有效的仲裁协议包括：请求仲裁的意思表示，即愿意通过仲裁来解决彼此之间的争议；请求仲裁的事项，如付款、质量等问题；选定的仲裁委员会，即具体选定哪个仲裁委员会进行仲裁。

实践中仲裁协议的内容经常会出现如下问题：未选定仲裁机构，仲裁协议中只写"本合同发生争议，用仲裁方式解决"或"仲裁解决纠纷"，没有指明具体的仲裁委员会；错误地填写了一个不存在的仲裁机构的名称；产生逻辑上的错误，如"发生纠纷通过仲裁、诉讼解决"，因为只能在仲裁和诉讼中里选择其一。

本案中赵大爷与金女士在仲裁条款中当事人同时选择了两个仲裁机构，没有明确选定仲裁委员会，但这并不影响仲裁协议的有效性，当事人可通过在 A 市与 B 市仲裁委员会之间确定一个的办法来确定仲裁机构，因此，该仲裁协议有效。

小贴士

仲裁法第十七条规定："有下列情形之一的，仲裁协议无效：（一）约定的仲裁事项超出法律规定的仲裁范围的；（二）无民事行为能力人或者限制民事行为能力人订立的仲裁协议；（三）一方采取胁迫手段，迫使对方订立仲裁协议的。"

21

申请与接受仲裁，老年人想知道其条件与程序时，怎么办

孙大爷因所购商品房小区内幼儿园等公共配套设施与开发商产生争议，依仲裁条款申请仲裁，开发商认为因双方并未就幼儿园等公共配套设施问题达成仲裁协议，仲裁委员会不能受理。本案申请是否符合规定？

依仲裁法的规定，当事人申请仲裁应有仲裁协议，有具体的仲裁请求和事实、理由，属仲裁委员会的受理范围。

仲裁委员会解决可仲裁的争议时所适用的程序步骤主要有：一、申请和受理。当事人依仲裁协议，依法向仲裁委员会请求对所发生纠纷仲裁。仲裁委员会审查申请后，符合受理条件的，应受理并通知当事人；不符合的，书面通知当事人不予受理并说明理由。二、组成仲裁庭。由一名仲裁员组成独任仲裁庭或由三名仲裁员组成仲裁合议庭。三、开庭和裁决。仲裁庭在双方当事人参加下，对仲裁请求进行实体审理和裁决；仲裁庭依法满足或驳回申请人的仲裁请求及被申请人的

反请求，解决纠纷的实体事项，作出裁决。

本案双方所签仲裁条款中虽未明确具体约定幼儿园等公共配套设施，但在公共配套设施方面的有关条款中，除具体约定了供水、供电等具体内容外，还规定其他公共设施应符合有关法律、法规的规定，因此，本案争议的幼儿园等公共设施，为双方所签合同中已经包括，但文字上未明确表述的内容，应属仲裁条款所约定的"本合同履行过程中所发生的争议"。因此，孙大爷所提仲裁申请符合仲裁法规定的申请仲裁的条件。

小贴士

仲裁法第三十九条规定："仲裁应当开庭进行。当事人协议不开庭的，仲裁庭可以根据仲裁申请书、答辩书以及其他材料作出裁决。"

22

收到仲裁裁决，老年人想申请撤销时，怎么办

养鸡大户刘大爷与 A 市甲公司之间因肉鸡买卖合同发生纠纷，经 A 市仲裁委员会仲裁后，发现甲公司选定的仲裁员系甲公司法定代表人的小舅子，甲公司暗地里还给首席仲裁员送去不少礼物，结果是仲裁裁决明显不公，刘大爷该怎么办呢？

裁决是仲裁庭对当事人提交仲裁的争议事项进行审理，并在审理终结时所作出的对当事人有约束力的书面决定。裁决书自作出之日起发生法律效力，老年人收到仲裁裁决后，除自觉履行外，还可申请法院强制执行或撤销该裁决。

当事人提出证据证明裁决有下列情形之一的，可向仲裁委员会所在地的中级人民法院申请撤销裁决：没有仲裁协议的；裁决的事项不属于仲裁协议的范围或者仲裁委员会无权仲裁的；仲裁庭的组成或者仲裁的程序违反法定程序的；裁决所根据的证据是伪造的；对方当事人隐瞒了足以影响公正裁决的证据的；仲裁员在仲裁该案时有索贿受贿，徇私舞弊，枉法裁

决行为的。人民法院经组成合议庭审查核实裁决有前款规定情形之一的，应当裁定撤销。人民法院认定该裁决违背社会公共利益的，应当裁定撤销。

本案不仅仲裁庭的组成违反回避程序，而且仲裁员在仲裁该案时有受贿、徇私舞弊、枉法裁决行为，因此刘大爷可依法向仲裁委员会所在地中级法院申请撤销该裁决。

小贴士

仲裁法第五十九条规定："当事人申请撤销裁决的，应当自收到裁决书之日起六个月内提出。"第六十条规定："人民法院应当在受理撤销裁决申请之日起两个月内作出撤销裁决或者驳回申请的裁定。"第六十一条规定："人民法院受理撤销裁决的申请后，认为可以由仲裁庭重新仲裁的，通知仲裁庭在一定期限内重新仲裁，并裁定中止撤销程序。仲裁庭拒绝重新仲裁的，人民法院应当裁定恢复撤销程序。"

23

民事权益受到侵害，老年人想去法院起诉时，怎么办

李氏兄弟为赡养母亲一事经常争吵。因母亲年迈，行动不便，哥哥就以自己名义起诉弟弟，请求法院判令其弟每月给付母亲赡养费。法院立案庭认为这样起诉不符合起诉条件，不予受理。

老年人民事权益受侵害向法院提起民事诉讼，是公民、法人或其他组织认为自身民事权益受侵犯或与他人发生争议，以自己名义，请求法院依法审判，给予法律保护的诉讼行为，是老年人的一项重要诉讼权利。

老年人作为民事诉讼主体起诉须具备以下条件：老年人作为原告，须与本案有直接利害关系，须有明确的被告，须有具体的诉讼请求、事实和理由，须属法院受理民事诉讼的范围和受诉人院管辖。同时，该案件还须是由接受起诉的法院管辖。具备上述起诉条件时，只要老年人认为自己的民事权益受到侵犯或与他人发生了争议，就可向法院提起民事诉讼，以维护自己的合法权益。

老年人提起民事诉讼的主要情况有：请求赡养人履行赡养义务，人身受到不法侵害的民事损害赔偿，房产权被非法侵吞，财产权被非法剥夺；离婚，继承权受到侵害，等等。

因为要求赡养费的是母亲，母亲才是赡养诉讼的直接关系人，因此原告只能是母亲，而李氏哥哥以自己名义起诉不符合起诉条件。李氏哥哥可以母亲为原告，以自己为代理人重写一份起诉状。

小贴士

民事诉讼法第一百零八条规定："起诉必须符合下列条件：（一）原告是与本案有直接利害关系的公民、法人和其他组织；（二）有明确的被告；（三）有具体的诉讼请求和事实、理由；（四）属于人民法院受理民事诉讼的范围和受诉人民法院管辖。"

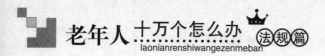
24

行政机关或工作人员的行为侵犯了合法权益，老年人想上告法院时，怎么办

郭大爷因琐事纠纷被邻居郑某殴打致伤，向当地公安派出所报案，但派出所却以他们是邻里纠纷且属轻伤为由拒绝受理。郭大爷对派出所的答复很不满意，他能去法院告派出所吗？

此案涉及行政诉讼。这是公民、法人或其他组织因对行政机关作出的具体行政行为不服而产生行政争议，向法院起诉，由法院按司法程序予以处理的诉讼制度。它也是维护老年人合法权益的一种法律手段。

依行政诉讼法第十一条规定，老年人对下列具体行政行为不服，认为侵犯了自己合法权益时，可向法院提起行政诉讼：对拘留、罚款、吊销许可证和执照、责令停产停业、没收财物等行政处罚不服的；对限制人身自由或对财产的查封、扣押、冻结等行政强制措施不服的；认为行政机关侵犯法律规定的经营自主权的；认为符合法定条件，申请行政机关颁发营业执照不予答复的；申请行政机关履行保护人身权、财产权的法定职责，行

政机关拒绝履行或不予答复的；认为行政机关违法要求履行义务的；认为行政机关没有依法发给抚恤金的；认为行政机关侵犯其人身权、财产权的；除上述规定外，其他法律、法规规定可向法院起诉的行政案件。

本案中，公安机关负有保护居民人身权、财产权的法定职责，而郭大爷的身体健康这一人身权受到邻居郑某的侵犯，向当地公安派出所请求保护时，该派出所拒绝受理，其实就是在推卸履行其法定职责，故依行政诉讼法第十一条，郭大爷有权向法院提起以该公安机关为被告的行政诉讼。

小贴士

老年人提起行政诉讼，一般情况下，应向区、县一级基层人民法院提起，并应向最初作出具体行政行为的行政机关所在地法院提起。因不动产发生纠纷，向不动产所在地法院提起。

25

公诉案件受害人想了解法院审判嫌疑人的相关情况，老年人不知道是否能允许时，怎么办

独自在家的钟大爷被迷恋网络暴力游戏的15岁薛某入室抢劫并致重伤，公安机关抓获薛某后，检察院提起公诉。法院开庭审理并宣判，但并未通知钟大爷相关审判结果。钟大爷想知道自己是否有权利了解审判情况？

本案涉及公诉案件被害人权利问题。我国1996年修正的刑事诉讼法肯定了公诉案件被害人的独立诉讼地位，并赋予被害人除独立起诉与上诉权外的广泛诉讼权利，但实践中仍存在被害人诉讼权利被忽视的现象。

依刑事诉讼法与相关司法解释，被害人至少享有以下诉讼权利：使用本民族语言、文字诉讼；报案、控告和陈述；申请回避；委托代理人参加诉讼；附带民事诉讼的处分与上诉权；复议权、申诉权和特定条件下起诉权；出席法庭审判，参与质证、辩论；申请检察机关抗诉；对生效裁判的申诉权；诉讼过程的知悉权。本案具体涉

及被害人诉讼过程的知悉权，这是被害人的首要权利，如果不知晓诉讼的过程、进度和各诉讼阶段处理结果，其他权利便无从行使。因此，被害人有权获得（不）立案决定书、不起诉决定书、裁定书和判决书、司法鉴定书等诉讼文书，了解诉讼过程、进度。

本案法院在审理中涉嫌程序违法。被害人依法有权参加庭审，监督庭审过程。法院不给被害人判决书，被害人将不知道法院凭何依据作出判决，也就无法请求检察院提出抗诉，其提请检察院抗诉、申诉的权利即被剥夺。

小贴士

诉讼过程的知悉权是公诉案件被害人的一项基本诉权。

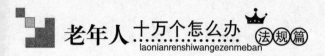
26

上法院起诉要缴诉讼费，老年人无力支付时，怎么办

蒋大妈唯一的亲人——她的侄子因公殉职，但其单位对事故性质存有异议，不肯发放抚恤金。她生活困难，就到法院起诉侄子的单位，要求给予抚恤金与生活费。然而蒋大妈为缴纳数百元的诉讼费犯了愁，她可以缓、减或免缴吗？

诉讼费用是当事人进行民事、行政诉讼，依法律规定，向人民法院缴纳的费用，包括案件受理费、执行费和其他诉讼费用。当事人进行诉讼，应当依法缴纳诉讼费用。老年人因其合法权益受侵害提起诉讼，若因经济暂时困难而无法按时缴纳的，可申请缓缴；负担能力低而不能全额缴纳的，可申请减缴；自身生活困难，确无负担能力的，可申请免缴。

老年人申请缓、减、免缴诉讼费，应在起诉或上诉时提交书面申请、足以证明其确有经济困难的证明材料及其他相关证明材料。因生活困难或追索基本生活费申请免、减缴诉讼费的，还应提供本人及其家庭经济状况符合当地民政、劳动保障等部门规定的公民经济困难标准的证明。

蒋大妈追索抚恤金时，因经济困难缴纳诉讼费确有困难，应在收到法院预缴诉讼费通知的次日起7日内，及时提出缓、减或免缴的申请。但能否缓、减、免，由法院审查决定。

小贴士

民事诉讼法第一百零七条第二款、老年人权益保障法第三十九条规定了交纳诉讼费确有困难的老年人有权申请缓、减或免交诉讼费，《诉讼费用交纳办法》第四十四、四十五、四十六条对当事人申请缓、减或免交诉讼费作了进一步的详细规定。

（27）

请律师要缴纳诉讼费，老年人无力支付时，怎么办

年近八旬的杨奶奶的两个儿子日子过得都挺好，但却不履行赡养老人的义务。杨奶奶想状告儿子不尽赡养义务，但手头没钱请律师，杨奶奶能获得法律援助吗？

法律援助是政府设立的法律援助机构组织的法律服务机构与法律援助人员，为经济困难或特殊案件的当事人提供免收或减收服务费的一种法律制度，其目的是确保公民不因缺乏经济能力或困难处境而在法律面前处于不利地位，从而保护其合法权益。法律援助的形式可以是法律咨询，代拟法律文书，提供刑事辩护，民事、行政诉讼代理，非诉讼法律事务代理等。老年人权益保障法规定了老年人因其合法权益受侵害提起诉讼，需获律师帮助，但无力支付律师费的，可获得法律援助。律师法也规定了律师须按国家规定承担法律援助义务。《法律援助条例》第十、十一条进一步规定了公民可申请法律援助的具体情形，其中就包括经济困难者请求发给抚恤金、救济金的情形。

本案杨奶奶是在请求给付赡养费时需要律师代理但又支付不起律师费的，依《法律援助条例》，可向给付赡养费的义务人，即她儿子住所地的法律援助机构提出申请。

小贴士

依《法律援助条例》第十七条的规定，公民申请代理、刑事辩护的法律援助应提交下列证件、证明材料：身份证或其他有效的身份证明，代理申请人还应提交有代理权的证明；经济困难的证明；与所申请法律援助事项有关的案件材料。

28

合法权益受到侵害，老年人不方便去法院起诉时，怎么办

　　赵奶奶想起诉租赁她房屋并长期拖欠租金的张某，但她现在卧病在床，能不能委托自己的侄子代她去向法院起诉？

　　老年人年老体弱，有的行动不便，有的视力、听力、口头表达能力变差，有许多老年人没有文化以及其他原因，在其合法权益受到侵害后，自己不能直接到有关部门要求处理或直接到法院起诉，为维护自己的合法权益，可委托代理人代为向有关部门提出处理要求或代为起诉。所谓代理，是指代理人在代理权限内，以被代理人名义办理直接产生权利义务后果的法律行为或其他有法律意义的行为。代理人可分为委托代理、法定代理和指定代理三种。委托代理是通过被代理人的授权产生代理，例如委托律师代为诉讼。法定代理是由于某种为法律所规定的身份关系或社会关系所产生的代理，如父母、子女、配偶等亲属代为诉讼。指定代理是直接由行政命令或法院判决确定其代理。委托他人代为诉讼，须向法院提交由委托人签名或盖章的授权委托书。授权委托书须写明委托事项和权限。对诉讼代理权限的变更或解除，当事人应书面告知法院，并由法院通知对方当事人。

　　本案中，赵奶奶只要向她的侄子签署授权委托书，并经赵奶奶签名或盖章后，向人民法院提交一份，即可委托她的侄子代替她去法院起诉张某。

小贴士

　　民事诉讼法第五十九条规定："委托他人代为诉讼，必须向人民法院提交由委托人签名或者盖章的授权委托书。授权委托书必须记明委托事项和权限。诉讼代理人代为承认、放弃、变更诉讼请求，进行和解，提起反诉或者上诉，必须有委托人的特别授权。"

29

进行民事诉讼，老年人想知道其程序与依据时，怎么办

因楼上邻居家卫生间经常渗漏水而且不愿维修，经多方调解仍置之不理，姚大爷无奈之下想向法院起诉，起诉之前想查找一下有关诉讼程序方面的法律，该查找哪些法律呢？

通过法院进行民事诉讼，在程序上最基本的程序法依据就是民事诉讼法，这是国家制定的、规范法院与民事诉讼参与人的诉讼活动，调整法院与诉讼参与人之间法律关系的法律规范。

最高人民法院有关民事诉讼的司法解释文件主要有：《关于适用〈中华人民共和国民事诉讼法〉若干问题的意见》、《关于民事诉讼证据的若干规定》、《关于民事经济审判方式改革问题的若干规定》、《关于严格执行案件审理期限制度的若干规定》、《关于适用督促程序的若干问题的规定》、《关于人民法院执行工作若干问题的规定（试行）》、《关于人民法院民事执行中查封、扣押、冻结财产的规定》。

姚大爷要准备去法院起诉邻居，首先要查一查民事诉讼法，以便了解向哪家法院起诉及如何起诉；同时，最好还要看一看《关于民事诉讼证据若干规定》，因为民事诉讼中一般坚持"谁主张谁举证"，姚大爷需举出相关证据证明邻居确实侵犯了他的合法权益。姚大爷也可以就有关诉讼问题咨询律师。

小贴士

民事诉讼法有狭义和广义之分，狭义的民事诉讼法是指国家颁布的关于民事诉讼的专门性法律或法典，即《中华人民共和国民事诉讼法》。广义的民事诉讼法又称实质意义的民事诉讼法，指除了《中华人民共和国民事诉讼法》外，还包括其他所有有关民事诉讼的法律规范。

30 进行民事诉讼，老年人想了解其基本制度时，怎么办

刘奶奶在超市购物时被突然从货架上掉落的货物砸伤，就赔偿事宜与超市协商不成后，打算上法院起诉时，为心中有数，想事先了解一下民事诉讼究竟有哪些基本制度？

民事诉讼的基本制度，是民事诉讼法规定的，法院进行民事审判过程中所应遵守的、极其重要的行为准则。了解这些制度，可使我们在诉讼过程中，对法院审判行为的合法性进行监督，从而维护自己的合法权益。我国民事诉讼的基本制度主要为：

一是合议制度，即由若干名审判人员组成合议庭对民事案件进行审理的制度。合议庭一般由3名以上的单数的审判人员组成。合议庭评议案件，应当实行少数服从多数的原则。

二是回避制度，即为保证案件的公正审理，而要求与案件有一定利害关系的审判人员或其他人员，不得参加本案审理或诉讼活动的制度。当事人在诉讼中发现审判人员及其他有关人员与本案当事人有亲属或其他利害关系时，有权申请他们回避。

三是公开审判制度，即法院审理民事案件，除法律规定的可以不公开审理的情况外，审判过程及结果应向群众、社会公开，允许群众旁听案件审理过程。

四是两审终审制度，即除法律规定实行一审终审制的案件外，一个民事案件经两级法院审判后即告终结的制度。

刘奶奶首先可找一些有关民事诉讼方面的普法书籍，这些书相对而言一般比较通俗易懂，刘奶奶可通过自己阅读来了解有关民事诉讼的基本制度，也可以向律师等专业人士咨询。

小贴士

民事诉讼法第十条规定："人民法院审理民事案件，依照法律规定实行合议、回避、公开审判和两审终审制度。"

31 民事权益受到侵害，老年人想了解到哪家法院能诉讼时，怎么办

家住 A 市 B 区的司机甲驾驶货车行至 A 市 C 区某大道转弯时，因刹车失灵撞伤了人行道上的周奶奶。双方协商赔偿事宜无法达成协议，周奶奶打算起诉，但她应向哪个法院起诉呢？

首先涉及由哪一级法院管辖即级别管辖的问题。我国的人民法院按级别分基层、中级、高级和最高人民法院。依民事诉讼法规定，除民事诉讼法明确规定由中级、高级和最高人民法院管辖的第一审民事案件外，其余的第一审民事案件，一律由基层人民法院管辖。

其次涉及由同一级法院中的哪一地法院管辖即地域管辖的问题。依民事诉讼法规定，地域管辖有一般地域管辖规则、特殊地域管辖规则和专属管辖规则。一般地域管辖规则就是一般情况下按"原告就被告"原则确定管辖法院的规则。特殊地域管辖规则是以诉讼标的所在地、被告住所地与法院辖区之间的关系所确定管辖法院

的规则。专属管辖规则是法律规定某些诉讼标的特殊的案件由特定法院管辖，其他法院无权管辖，也不允许当事人协议变更管辖的规则。如不动产纠纷诉讼由不动产所在地法院管辖，继承遗产纠纷诉讼由被继承人死亡时住所地或主要遗产所在地法院管辖。

本案涉及交通事故侵权纠纷诉讼，由侵权行为地或被告住所地法院管辖。本案被告住所地为 A 市 B 区，侵权行为地为 A 市 C 区，周奶奶可向两地中的任一基层法院起诉。

小贴士

民事诉讼法第三十八条规定："人民法院受理案件后，当事人对管辖权有异议的，应当在提交答辩状期间提出。人民法院对当事人提出的异议，应当审查。异议成立的，裁定将案件移送有管辖权的人民法院；异议不成立的，裁定驳回。"

32

审判员未依法送达起诉状副本，老年人无法答辩，怎么办

某法院依普通程序审理胡某诉金某借款合同纠纷案时，审判员张某仅电话通知金某于3天后上午9点开庭，既未向其送达起诉状副本，也未给他15天的答辩期。审判员张某在审理此案中有何不妥？

本案涉及民事诉讼当事人的诉讼权利，这是法律规定的当事人在民事诉讼活动中所享有的诉讼程序上的权利。依民事诉讼法，当事人的诉讼权利十分广泛，主要包括委托诉讼代理人代为进行诉讼，提出申请回避，收集、提供证据，进行辩论，请求调解，提起上诉，申请执行人民法院生效判决，查阅本案有关案卷材料并可复制本案材料和法律文书。

民事诉讼中当事人同时还须严格按法律要求进行诉讼，民事诉讼当事人的诉讼义务是民事诉讼当事人在诉讼过程中必须履行的程序上的义务。依民事诉讼法，当事人在诉讼中必须依法行使诉讼权利，须客观真实地陈述案情而不允许歪曲事实或伪造证据，须严格遵守诉讼程序并服从法院统一指挥，须自觉履行法院生效判决书、裁定书、调解书。

本案中，审判员张某仅通过电话简单询问被告有关情况，便口头通知被告于某日到庭应诉，没有向被告送达起诉状副本，实际剥夺了被告在审前准备阶段的辩论权，被告因此无法了解原告的诉求及依据的事实和证据，无法为开庭审理做好充分适当准备，势必影响被告在庭审中辩论权的正常行使。

民事诉讼法规定，基层人民法院和它派出的法庭审理事实清楚、权利义务关系明确、争议不大的简单的民事案件，适用简易程序。

小贴士

民事诉讼法第八条规定："民事诉讼当事人有平等的诉讼权利。人民法院审理民事案件，应当保障和便利当事人行使诉讼权利，对当事人在适用法律上一律平等。"

33

进行民事诉讼，老年人的诉讼代理人转委托时，怎么办

因与刘某的合同纠纷，韩大爷向A法院起诉，并聘请律师王某为诉讼代理人。因王某刚从A法院辞职不到两年，经刘某申请，法院审查后取消了王某诉讼代理人资格。后王某转委托律师孙某，约定两人平分该案律师代理费。王某能转委托吗？

当事人到法院参加诉讼，很多时候因不懂法律规定，很难切实维护自己合法权益；也有的当事人不具有民事诉讼行为能力，或因没有时间等原因，本人无法进行民事诉讼。此时可由其代理人代理诉讼，诉讼代理人分为法定、指定与委托代理人。依民事诉讼法的规定，律师、当事人的近亲属、有关的社会团体或者所在单位推荐的人、经人民法院许可的其他公民，都可以被委托为诉讼代理人。

本案王某刚从受理案件的法院辞职不到两年，按相关司法解释，不能在该法院内担任该案代理人，同时由于委托诉讼代理权的取得以当事人授权委托书为依据，本案又不属紧急情况下的转委托特例，王某在未获得韩大爷同意时不能转委托。

小贴士

依民事诉讼法第五十九条规定，委托人签署的授权委托书须记明委托事项及权限。委托人给予受托人特别授权的，须明确记明诉讼代理人代为承认、放弃、变更诉讼请求、进行和解、提起反诉或上诉的诉讼代理权限。

34

进行民事诉讼，老年人想了解需要承担的责任与做法时，怎么办

原告李大爷在人行道正常行走时被被告 A 公司在建工地上忽然坠落的木块砸伤。本案应如何确定原、被告的举证责任？

一般情况下，当事人对自己提出的主张，有责任提供证据；特殊情况下，法院也负有调查收集证据的责任，即当事人及其诉讼代理人因客观原因不能自行搜集的证据或法院认为审理案件需要的证据。

就民事案件举证顺序而言，通常对原告提出的事实由原告先举证，只有原告尽到了自己的举证责任，被告予以反驳时，才由被告对反驳意见提供证据并加以证明。但在一些特殊侵权案件中，实行举证责任倒置，对原告提出的侵权事实，被告否认的，由被告负举证责任，如产品制造方法发明专利侵权、高危作业侵权、环境污染侵权、建筑物或其他设施及建筑物上的搁置物、悬挂物发生倒塌、脱落、坠落致人损害的侵权、饲养动物致人损害的侵权、缺陷产品侵权、共同危险行为侵权等。

本案为建筑附属物伤人的特殊侵权案件，实行举证责任倒置。原告仅须证明其被木块砸伤头部的事实，被告须证明自己并没有过错，而是受害人或第三人有过错，才能免责。

小贴士

对下列事实，当事人无须举证：一方当事人对另一方当事人陈述的案件事实和提出的诉讼请求，明确表示承认的；众所周知的事实和自然规律及定理；根据法律规定和已知事实，能推定出另一事实；已为人民法院发生法律效力的裁决所确定的事实；已为有效公证书所证明的事实。

35

开庭审理案件，老年人不懂反驳对方举证时，怎么办

王某诉何大爷人身损害赔偿，李某到庭作证，称其亲眼看见何大爷打伤了王某，而何大爷根本不承认其对王某造成了侵害。何大爷该如何反驳呢？

本案涉及民事诉讼中的质证问题。所谓质证，是指当事人之间通过听取、审阅、核对、辨认等方法，对提交到法庭的证据材料的真实性、关联性及合法性作出判断，没有异议的予以认可，有异议的当面提出质疑和询问的过程。

对不同证据进行质证的要求不同：对书证、物证、视听资料质证时，质证方有权要求举证方出示证据原件或原物，但出示原件或原物确有困难并经法院准许出示复制件或复制品的，及原件或原物虽已不存在但有证据证明复制件、复制品与原件或原物一致的除外；对证人证言质证时，证人应出庭作证，接受当事人质询；对鉴定结论、勘验笔录质证时，鉴定人、勘验人应出庭接受当事人的质询；此外，当事人还可向法院申请由 1~2 名具有专门知识的人员出庭，就案件的专门性问题进行说明，庭审中审判人员和当事人可对出庭的具有专门知识的人员进行询问，经法院准许，还可由当事人各自申请的具有专门知识的人员就案件中的问题进行对质。

本案中，何大爷认为李某证言不实，并对李某当时是否在场提出异议。质证中，何大爷问证人当时在什么地方（指现场），李某说站在自家院内看院子外打架，于是何大爷提出进行现场模拟，结果李某自家院墙高 2 米，而其身高仅 1.6 米，根本看不到王某与何大爷打仗的现场，从而证明李某证言虚假。

小贴士

《最高人民法院关于民事诉讼证据的若干规定》第五十条规定："质证时，当事人应当围绕证据的真实性、关联性、合法性，针对证据证明力有无以及证明力大小，进行质疑、说明与辩驳。"

36

进行民事诉讼，老年人想申请财产保全时，怎么办

刘奶奶诉薛大爷民间借贷纠纷案调解结案后，在约定履行期尚未到达之前，刘奶奶发现薛大爷有转移财产迹象，于是向法院提出保全申请并提供担保，法院能受理吗？

本案涉及财产保全问题。财产保全是法院在案件受理前或诉讼过程中，为保证将来发生法律效力的判决得以全部执行或避免财产受损，依利害关系人或当事人申请或依职权对当事人的财产或争议标的物采取的保护措施，可以分成诉前财产保全和诉讼财产保全。诉前财产保全，是利害关系人合法权益面临紧急情况，为保护其合法财产免受难以弥补的损失，而在起诉前向法院提出申请，法院依其申请，依法采取的保护利害关系人合法权益的临时措施。诉讼财产保全，是法院在办案过程中，对可能因一方当事人的行为或其他原因，使法院将来的判决不能执行或难以执行的，可依当事人申请或依职权对争议财产或一方当事人持有的财产采取的保护措施。

法院应受理原告刘奶奶的诉后保全申请。因刘奶奶的诉后财产保全申请符合法院财产保全的法定要件，即财产保全须是可能存在因一方当事人的行为或其他原因使判决不能执行或难以执行的情况，须依当事人申请保全或法院依职权保全，法院应责令当事人提供担保。本案奶奶的保全申请与上列条件对照相符。同时，民事诉讼法第九十二条第三款条文中，并无"诉讼中"或"诉讼后"的任何限制性字眼，即该条并未排除诉讼终结后到开始执行前的财产保全，因此，受理刘奶奶的诉后保全申请并不与该条原意相悖。

小贴士

民事诉讼法第九十四条规定："财产保全限于请求的范围，或者与本案有关的财物。财产保全采取查封、扣押、冻结或者法律规定的其他方法。"

37

提起民事诉讼，老年人想知道怎样写起诉状时，怎么办

熊奶奶因子女不支付赡养费，想提起诉讼，但她不会写状子，该怎么办呢？

要向法院起诉，一般首先要写起诉状。起诉状一般包括以下内容：

一、首部，应写明当事人即原告、被告、第三人的基本情况。

二、诉讼请求部分，内容应明确、固定。诉讼请求是当事人请求法院通过审判解决什么问题。

三、事实与理由部分，要写清原告与被告间的关系，与被告间纠纷的发生、发展过程及造成的客观结果，与被告及其他当事人间争议的焦点和双方对民事争议的具体内容，双方的分歧意见，以及支持原告诉讼请求的法律依据。

四、尾部附项部分，写明证据名称和证据来源、证人姓名和住址及本诉状副本份数。在证据和证据来源、证人姓名和住所部分，应提供能证明案件事实和自己主张的各种证据及其来源。提供书证、物证、视听资料的，应在递交诉状时一并递交法院；提供证人的，应写明证人姓名和住址以便于法院调查。起诉状副本份数，应按被告人人数来提供。

起诉状的格式，应严格按最高人民法院印发的《人民法院诉讼文书格式标准》来制作。

本案中，如果熊奶奶确实不会写字，可到法院立案庭接待室，由熊奶奶口述，立案庭工作人员作笔录，经熊奶奶确认后可代替起诉状。

小贴士

民事起诉状的基本格式：

民事起诉状

原告：×××

被告：×××

诉讼请求：×××

事实与理由：×××

证据和证据来源，证人姓名和住址：×××

　　此致

　　　　×××人民法院

附：本诉状副本 × 份

　　　　起诉人：×××

　　×××年××月××日

38 与他人发生民事纠纷被告上法院，老年人不会写答辩状时，怎么办

闻大爷因其搁在阳台上的花盆被风刮落而砸坏了邻居赵某停放在楼下的小汽车，被赵某告到当地法院，在收到赵某的起诉书后，闻大爷想写答辩状，该怎么写呢？

答辩状是被告人或被上诉人针对原告起诉的事实和理由或针对上诉的请求和理由进行回答和辩解的诉讼文书。其制作要求是：

一、首部。写明"民事答辩状"的标题和答辩人的基本情况，还应写明答辩事由，一审案件写："因××一案，现提出答辩如下……"；上诉案件写："上诉人×××因××一案，不服×××人民法院×年×月×日×字第×号民事判决（裁定），提起上诉，现提出答辩如下……"。

二、答辩内容。为答辩状主体部分，应有针对性地紧紧围绕原告在诉状中提到的事实和理由，或上诉人在上诉状中提出的上诉请求和理由加以辩驳，提出与之相反的事实、证据、理由、法律依据，证明自己的主张和理由的正确。原告和上诉人在诉状中没有涉及的或与诉讼请求无关的内容不必写上。

三、尾部和附项。首先写明呈送法院，右下方写明答辩人×××，并注明年、月、日，最后附项注明提供给法院的书证、物证的名称、件数。

答辩状是一种辩驳性文件，主要用反驳方法，使对方败诉，让法院接受自己的意见和主张。按《人民法院诉讼文书格式标准》来写。

小贴士

民事答辩状基本格式：

民事答辩状

答辩人：×××

被答辩人：×××

答辩人×××因一案，提出答辩如下：×××

此致

×××人民法院

附：本答辩状副本×份

答辩人：×××

×××年××月××日

39

法院一审民事判决，老年人对判决不服时，怎么办

齐大爷与其弟因父母留下的五间私房遗产继承纠纷诉至法院，一审法院判决齐大爷继承两间，其弟继承三间。齐大爷认为自己尽赡养义务多，应继承三间，不服一审判决。齐大爷该怎么办呢？

齐大爷依法可以上诉。在一审法院判决或裁定后，当事人若不服该判决或裁定，可向一审法院的上一级法院上诉。提起上诉须具备下列条件：第一，须是依法允许上诉的判决或裁定；第二，上诉人与被上诉人须是案件的直接利害关系人；第三，须在法定期间内上诉。当事人不服地方法院一审判决的，有权在判决书送达之日起15日内向上一级法院上诉；不服地方法院一审裁定的，有权在裁定书送达之日起10日内向上一级法院上诉。

齐大爷应在一审判决书送达之日起15日内，以自己尽赡养义务多，一审遗产分配不公为由，向上一级法院提起上诉。

小贴士

民事上诉状的基本格式：

民事上诉状

上诉人：×××

被上诉人：×××

上诉人因×××一案，不服×××人民法院××××年××月××日作出的（××）字第××号判决，现提出上诉。

上诉请求：×××

上诉理由：×××

　　此致

　　　　　　×××人民法院

附：本上诉状副本×份。

　　　　　　上诉人：×××

　　　　×××年××月××日

40

二审法院即将开庭审理，老年人想知道二审程序时，怎么办

贾大爷在 A 饭庄使用其提供的 B 厂生产的卡式炉就餐时，卡式炉爆炸，致使贾大爷被烧伤。一审法院仅判 B 厂承担责任，B 厂不服上诉。二审法院即将开庭审理，贾大爷想知道二审程序是怎么样的？

二审即上诉审，是法院针对上诉人的上诉请求及相关案件事实进行审理的诉讼活动。作为二审程序的当事人及其他诉讼参与人，应根据二审具体情况和特点，有针对性、及时地实施相关诉讼活动。当事人在二审中应注意以下问题：

第一，二审审理范围。二审程序中，法院的审查范围应以当事人的上诉请求范围为依据；二审法院对案件的审查内容，包括案件的事实和法律的适用。

第二，二审审理方式。二审法院审理上诉案件的方式包括三项内容：一是必须组成合议庭进行审理；二是具体审理方式包括开庭审理和不开庭审理两种方式；三是二审法院审理上诉案件，既可以在本院进行审理，也可以在案件发生地或者原审法院所在地进行审理。

小贴士

民事诉讼法第一百五十三条规定："第二审人民法院对上诉案件，经过审理，按照下列情形，分别处理：（一）原判决认定事实清楚，适用法律正确的，判决驳回上诉，维持原判决；（二）原判决适用法律错误的，依法改判；（三）原判决认定事实错误，或者原判决认定事实不清，证据不足，裁定撤销原判决，发回原审人民法院重审，或者查清事实后改判；（四）原判决违反法定程序，可能影响案件正确判决的，裁定撤销原判决，发回原审人民法院重审。当事人对重审案件的判决、裁定，可以上诉。"

41

诉讼赢了但败诉方不履行判决，老年人面对这种情况时，怎么办

贺大爷状告钱某拖欠借款，胜诉后，钱某仍不履行，贺大爷该怎么办呢？

贺大爷可以申请人民法院强制执行。强制执行是人民法院依法定程序，运用国家强制力，强制义务人履行义务，以实现生效法律文书的诉讼活动。依民事诉讼法第二百一十二条的规定，发生法律效力的民事判决、裁定，当事人必须履行。一方拒绝履行的，对方当事人可以向人民法院申请执行，也可以由审判员移送执行员执行。调解书和其他应当由人民法院执行的法律文书，当事人必须履行。一方拒绝履行的，对方当事人可以向人民法院申请执行。

从民事诉讼程序来看，执行程序是民事诉讼最后一个环节，但它不是必经阶段，如果义务人自觉履行了义务，就无须经过执行程序。因而执行也应具备一定条件：作为执行根据的法律文书须已发生法律效力；作为执行根据的法律文书须具有给付内容；须是义务人拒不履行已生效判决或裁定所确定的义务。

本案中，贺大爷状告钱某拖欠借款，胜诉后，钱某仍不履行，贺大爷可向人民法院申请强制执行。

小贴士

依民事诉讼法第二百零一条规定，发生法律效力的民事判决、裁定，以及刑事判决、裁定中的财产部分，由第一审人民法院或者与第一审人民法院同级的被执行的财产所在地人民法院执行。法律规定由人民法院执行的其他法律文书，由被执行人住所地或者被执行的财产所在地人民法院执行。

42

诉讼过程中，老年人生病丧失诉讼行为能力时，怎么办

郭大爷被徐女士饲养的小花狗咬伤后发生纠纷诉至法院，诉讼进行到一半时，郭大爷因高血压病发导致高度偏瘫，无法继续参加诉讼，此时该怎么办呢？

民事诉讼法第一百三十六条规定："有下列情形之一的，中止诉讼：（一）一方当事人死亡，需要等待继承人表明是否参加诉讼的；（二）一方当事人丧失诉讼行为能力，尚未确定法定代理人的；（三）作为一方当事人的法人或者其他组织终止，尚未确定权利义务承受人的；（四）一方当事人因不可抗拒的事由，不能参加诉讼的；（五）本案必须以另一案的审理结果为依据，而另一案尚未审结的；（六）其他应当中止诉讼的情形。中止诉讼的原因消除后，恢复诉讼。"本案中

原告郭大爷因高血压病发导致高度偏瘫，丧失诉讼行为能力，此时先需为其确定法定代理人；而在法定代理人未确定前，法院应依法中止诉讼，待法定代理人确定后再行恢复。

小贴士

民事诉讼法第一百三十七条规定了诉讼终结："有下列情形之一的，终结诉讼：（一）原告死亡，没有继承人，或者继承人放弃诉讼权利的；（二）被告死亡，没有遗产，也没有应当承担义务的人的；（三）离婚案件一方当事人死亡的；（四）追索赡养费、扶养费、抚育费以及解除收养关系案件的一方当事人死亡的。"

43

一家人分居两地，老年人想告子女不愿赡养父母时，怎么办

闵大爷的两个儿子居住外地，都不愿负担老人赡养费，闵大爷该向哪个法院起诉？若去错了法院怎么办？

闵大爷面临的问题涉及如下管辖制度：（一）级别管辖。依民事诉讼法第十八至二十一条，基层法院管辖第一审民事案件，但该决另有规定的除外；中级、高级法院可管辖在本辖区有重大影响的第一审案件；最高法院管辖在全国有重大影响的第一审案件。（二）地域管辖。依民事诉讼法第二十二条，对公民提起的民事诉讼，由被告住所地法院管辖；被告住所地与经常居住地不一致的，由经常居住地法院管辖。同一诉讼的几个被告住所地、经常居住地在两个以上的法院辖区的，各该法院都有管辖权。（三）移送管辖和指定管辖。依民事诉讼法第三十六条，法院发现受理的案件不属本院管辖的，应移送有管辖权的法院，受移送的法院应当受理。受移送的法院认为受移送的案件依规定不属本院管辖的，应报请上级法院指定管

辖，不得再自行移送。

对照上述规定，闵大爷的赡养费纠纷案件向基层法院起诉即可。民事诉讼法意见第9条规定：追索赡养费案件的几个被告住所地不在同一辖区的，可以由原告住所地人民法院管辖。由上可以看出，闵大爷既可以向本地基层人民法院起诉，也可以向两个儿子中任何一个所在地的基层法院起诉。如果闵大爷错误地向无管辖权的基层法院或中级法院起诉时，该法院应告知闵大爷向合适的法院起诉或者自行将案件移送给合适的法院。

小贴士

民事诉讼法第三十五条规定："两个以上人民法院都有管辖权的诉讼，原告可以向其中一个人民法院起诉；原告向两个以上有管辖权的人民法院起诉的，由最先立案的人民法院管辖。"

44

进行民事诉讼，老年人不清楚对方承担的民事责任时，怎么办

因骤起狂风暴雨，鲍大爷之妻朱奶奶在匆忙返家途中，被人行道旁一棵突然倾倒的枯死杨树砸中，经抢救无效死亡。对该树负有养护责任的是当地园林管理处。若诉至法院，鲍大爷可要求管理处承担什么责任呢？

本问题涉及侵权民事责任的形式，因法院判决基本依当事人请求作出，故起诉时如何提出合适的责任承担方式，对老年人而言很重要。依民法通则第一百三十四条、侵权责任法第十五条，承担侵权责任的方式主要有停止侵害、排除妨碍、消除危险、返还财产、恢复原状、赔偿损失、赔礼道歉与消除影响、恢复名誉等。以上责任方式，可单独适用，也可合并适用。

侵害他人造成人身损害的，应赔偿医疗费、护理费、交通费等为治疗和康复支出的合理费用，及因误工减少的收入。造成残疾的，还应赔偿残疾生活辅助具费和残疾赔偿金。造成死亡的，还应赔偿丧葬费和死亡赔偿金。因同一侵权行为造成多人死亡的，可以以相同数额确定死亡赔偿金。被侵权人死亡的，其近亲属有权请求侵权人承担侵权责任。

鲍大爷及子女可以依据侵权责任法的规定，请求当地园林管理处赔偿医疗费、护理费、交通费等费用，以及误工损失、赔偿丧葬费和死亡赔偿金。

小贴士

侵权责任法第十八条第一款规定："被侵权人死亡的，其近亲属有权请求侵权人承担侵权责任。被侵权人为单位，该单位分立、合并的，承继权利的单位有权请求侵权人承担侵权责任。"

45

财产在多年前遭受侵害，老年人想起诉又不知是否超时效时，怎么办

李大爷去美国之前在某商场以3000元购得毛料西服一套，出国后，第一次穿这套西服时发现内衬有一破洞；一年半后，李大爷回国，找到商场，要求退货，遭到该商场的拒绝，李大爷即诉至法院，但最后败诉。李大爷为什么会败诉？

本问题涉及诉讼时效问题。诉讼时效是指权利人在法定期间内不行使权利，即丧失请求法院依诉讼程序强制义务人履行义务的权利。但超过诉讼时效期间，当事人自愿履行的，不受诉讼时效限制。依民法通则的规定，向法院请求保护民事权利的诉讼时效期间一般为两年，身体受到伤害要求赔偿的、出售质量不合规格的商品未声明的、延付或拒付租金的、寄存财物被丢失或被损坏的诉讼时效为一年。诉讼时效期间从知道或应当知道权利被侵害时起计算。

本案中李大爷因所购买西服时发现内衬有一破洞而与卖方商场发生的纠纷，属民法通则第一百三十六条中"出售质量不合规格的商品未声明的"类型，其诉讼时效为一年，该一年的起算点应是李大爷知道或应当知道其西服内衬有破洞之时，而从此时起算，时间已经经过了一年半，故诉讼时效已过。被告以李大爷起诉已过诉讼时效抗辩，故李大爷败诉。

小贴士

为正确适用法律关于诉讼时效制度的规定，保护当事人的合法权益，最高人民法院审判委员会结合审判实践，已制定了《最高人民法院关于审理民事案件适用诉讼时效制度若干问题的规定》，自2008年9月1日起施行。

46

人身权利受到侵害，老年人不清楚诉讼时效时，怎么办

18年前郁大爷之子在过某游乐园中一"水中桥"时落水身亡，那实际是一条被水淹没的红砖路，此处无人看管，也无防护措施和警告牌。近日，郁大爷以该游乐园管理不当造成其子死亡为由索赔20万元，并称今年看新闻才知游乐园也有责任，法院会支持他的诉求吗？

本问题涉及人身伤害赔偿的诉讼时效。依据民法通则第一百三十六条第一项的规定，身体受到伤害要求赔偿的诉讼时效期间为一年，为特别诉讼时效。依案情介绍，郁大爷是在今年看新闻时才知道游乐园没尽到安全保护义务，也应承担责任，因此诉讼时效应从其看到该新闻，知道其合法权益受游乐园侵害时起计算。此外，事发距今18年，并未超过最长20年

的诉讼时效。因此，郁大爷可提起诉讼。若对方当事人未提出诉讼时效抗辩，法院不应对诉讼时效问题进行释明及主动适用诉讼时效的规定进行裁判。

小贴士

人身伤害赔偿诉讼时效原则上自知道或应该知道权利被侵害之时起计算，但应注意把握以下两点：一、伤害明显的，从受伤害之日起算；伤害当时未曾发现，后经检查确诊并能证明是由侵害引起的，从伤势确诊之时起算。二、在铁路运输领域，铁路交通事故引起人身伤害，受害人要求赔偿的诉讼时效仍为一年，但其起算点有特别规定，即自受害人受到伤害的次日起计算。

47

民事诉讼有时效，老年人不清楚具体规定时，怎么办

　　林大爷骑自行车上街被一违章汽车撞倒，身体当时没感到有什么损伤，只是自行车被撞坏了，肇事司机李某赔偿其自行车费400元。但过了两年，林大爷感到头晕，到医院检查，诊断为由撞车引起的中度脑震荡，住院治疗共花了2000元。林大爷出院后至法院诉求李某赔偿医疗费、误工费及营养费。本案诉讼时效该如何起算？

　　民法通则第一百三十七条规定，诉讼时效从知道或应当知道权利被侵害时起开始计算。但从权利被侵害之日起超过20年的，不再受法律保护。

　　本案中，林大爷虽然被撞以后时隔两年多才向法院起诉，表面看已过普通诉讼时效；但按诉讼时效的起算条件——从权利人知道权利受到侵害，林大爷是在撞车发生两年之后才

发现身体受到损害，诉讼时效应从这时起开始计算，而不是从撞车之时起计算，因此林大爷向法院起诉没过超过诉讼时效期限，其合法权利应受到法律保护。

小贴士

　　民法通则还有诉讼时效中止、中断和延长的规定：在诉讼时效期间的最后六个月内，因不可抗力或者其他障碍不能行使请求权的，诉讼时效中止。从中止时效的原因消除之日起，诉讼时效期间继续计算。诉讼时效因提起诉讼、当事人一方提出要求或者同意履行义务而中断。从中断时起，诉讼时效期间重新计算。有特殊情况的，人民法院可以延长诉讼时效期间。

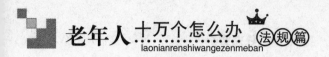
48

涉外民事诉讼不常见，老年人不清楚应该如何操作时，怎么办

美籍华侨在晚年归国探亲过程中财产权益遭到侵犯想起诉时，怎么办？

本问题涉及涉外民事诉讼，即具有涉外因素的民事诉讼，该涉外因素具体为诉讼主体涉外、诉讼标的法律事实涉外、诉讼标的物涉外。我国涉外民事诉讼须遵循"适用我国民事诉讼法"、"使用我国通用语言文字"、"委托中国律师代理诉讼"等一般原则。

关于涉外民事案件的管辖，依民事诉讼法第二百四十一条，因合同纠纷或者其他财产权益纠纷，对在中华人民共和国领域内没有住所的被告提起的诉讼，如果合同在中华人民共和国领域内签订或者履行，或者诉讼标的物在中华人民共和国领域内，或者被告在中华人民共和国领域内有可供扣押的财产，或者被告在中华人民共和国领域内设有代表机构，可以由合同签订地、合同履行地、诉讼标的物所在地、可供扣押财产所在地、侵权行为地或者代表机构住所地人民法院管辖。

因老华侨面临的是财产纠纷，依民事诉讼法第二百四十一条，他可选择诉讼标的物所在地、对方可供扣押财产所在地或侵权行为地等国内多个法院进行诉讼。

小贴士

为了明确涉外民事关系的法律适用，合理解决涉外民事争议，维护当事人的合法权益，中华人民共和国第十一届全国人大常委会第十七次会议于 2010 年 10 月 28 日通过了涉外民事关系法律适用法，自 2011 年 4 月 1 日起施行。

49

家人牵涉到刑事案件，老年人不清楚应该如何操作时，怎么办

韩大爷的儿子韩某与邻居史某因琐事发生口角，韩某上来就打，将史某右眼部打伤（经鉴定为重伤）。此时，韩大爷该怎么办？

家庭中发生了刑事案件或家人牵涉到刑事案件中，要相信和依靠司法部门去解决。家庭成员应当做的是：

一、在亲属的犯罪行为尚未被发现时，劝他赶快自首。对自首的犯罪分子，可依法从轻、减轻以至免除刑罚。

二、如果亲属已被传讯、拘留或逮捕，应积极配合政府教育他彻底交代罪行，并揭发检举同伙，争取立功表现。

三、亲属可以积极提供真实的情况，配合工作人员更好地了解案情。

四、如果亲属犯的是经济犯罪，要支持他彻底退赔，彻底退赔可以减轻罪犯给国家、给社会造成的损害，因而可能使他得到比较宽大的处理。

五、当近亲属犯了罪，可担当他的辩护人。最好请律师担当辩护人。

六、第一审判决后，除被告人可向上一级法院提出上诉外，被告人的近亲属，经过被告人同意也可上诉。对第二审判决或裁定不服，被告人及其近亲属还可申诉。

韩大爷首先要及时联系医院救治史某，同时要积极规劝其子韩某去公安局投案自首，若韩某不愿投案，韩大爷可主动报案。

小贴士

刑法第六十七条规定："犯罪以后自动投案，如实供述自己罪行的，是自首。对于自首的犯罪分子，可以从轻或者减轻处罚。其中犯罪较轻的，可以免除处罚。被采取强制措施的犯罪嫌疑人、被告人和正在服刑的罪犯，如实供述司法机关还未掌握的本人其他罪行的，以自首论。犯罪嫌疑人虽不具有前两款规定的自首情节，但是如实供述自己罪行的，可以从轻处罚；因其如实供述自己罪行，避免特别严重后果发生的，可以减轻处罚。"

50

遭受犯罪行为伤害，老年人想上法院起诉时，怎么办

李老爹近几年来一直遭到儿子与儿媳妇的虐待，他于年初去当地派出所报案，结果派出所的同志告诉他可去法院起诉，李老爹该如何上法院起诉呢？

本问题涉及刑事诉讼中的自诉，即当事人自己起诉刑事案件。刑事诉讼法第一百七十条规定了三种类型的自诉案件。（一）告诉才处理的案件。如侮辱、诽谤案件、暴力干涉婚姻自由案件、虐待案件、非法占有代为保管财物案件和非法占有他人遗忘物、埋藏物案件。（二）被害人有证据证明的轻微刑事案件。如故意伤害案（轻伤）、重婚案、遗弃案、妨害通信自由案、非法侵入他人住宅案、生产销售伪劣商品案件（严重危害社会秩序和国家利益的除外）、侵犯知识产权案件（严重危害社会秩序和国家利益的除外）、属刑法分则第四章、第五章规定的对被告人可判处3年有期徒刑以下刑罚的其他轻微刑事案件。（三）被害人

有证据证明被告人侵犯了自己人身、财产权利，并认为依法应追究刑事责任的，而公安机关或人民检察院不予追究被告人刑事责任的案件。

受害老年人或其法定代理人要提起刑事自诉案件时，一般应向被告人犯罪地法院起诉。如果由被告人居住地法院审判更为适宜时，也可向被告人居住地法院起诉。如果老年人由于被告人犯罪行为而遭受物质损失时，在刑事诉讼过程中，还有权提起附带民事诉讼。

小贴士

提起自诉的人一般是犯罪行为的被害人，被害人死亡或丧失行为能力的，被害人的近亲属也有权向法院起诉。如果被害人由于受到威胁不敢告诉的，被害人近亲属也可以自诉人身份提起自诉。

附　录

【导语】恢复法制建设以来，国家在完善老年人权益保障方面取得了长足的进步。以宪法规定为核心，以老年人权益保障法为龙头的老年人权益保障法律体系已经形成。下面摘录的宪法、老年人权益保障法、民法通则、婚姻法、收养法、继承法、社会保险法、城市居民最低生活保障条例、农村五保供养工作条例、律师法、法律援助条例、公证法、侵权责任法、治安管理处罚法、刑法等法律法规相关条文均与老年人的权益密切相关。

此外，本附录还对老年人及老年人权益有关的30个常用概念进行了解释，以便于理解。

①

重要法律、法规条文摘录

1. 宪法摘录：

☆国家依照法律规定实行企业事业组织的职工和国家机关工作人员的退休制度。退休人员的生活受到国家和社会的保障。——宪法第四十四条

☆中华人民共和国公民在年老、疾病或者丧失劳动能力的情况下，有从国家和社会获得物质帮助的权利。国家发展为公民享受这些权利所需要的社会保险、社会救济和医疗卫生事业。——宪法第四十五条第一款

2. 婚姻法摘录：

☆保护妇女、儿童和老人的合法权益。——婚姻法第二条第二款

☆禁止重婚。禁止有配偶者与他人同居。禁止家庭暴力。禁止家庭成员间的虐待和遗弃。——婚姻法第三条第二款

☆夫妻应当互相忠实，互相尊重；家庭成员间应当敬老爱幼，互相帮助，维护平等、和睦、文明的婚姻家庭关系。——婚姻法第四条

☆父母对子女有抚养教育的义务；子女对父母有赡养扶助的义务。——婚姻法第二十一条第一款

☆子女不履行赡养义务时，无劳动能力的或生活困难的父母，有要求子女付给赡养费的权利。——婚姻法第二十一条第三款

☆有负担能力的祖父母、外祖父母，对于父母已经死亡或父母无力抚养的未成年的孙子女、外孙子女，有抚养的义务。有负担能力的孙子女、外孙子女，对于子女已经死亡或子女无力赡养的祖父母、外祖父母，有赡养的义务。——婚姻法第二十八条

☆子女应当尊重父母的婚姻权利，不得干涉父母再婚以及婚后的生活。子女对父母的赡养义务，不因父母的婚姻关系变化而终止。——婚姻法第三十条

3. 收养法摘录：

☆自收养关系成立之日起，养父母与养子女间的权利义务关系，适用法律关于父母子女关系的规定；养子女与养父母的近亲属间的权利义务关系，适用法律关于子女与父母的近亲属关系的规定。养子女与生父母及其他近亲属间的权利义务关系，因收养关系的成立而消除。——收养法第二十三条

☆收养关系解除后，经养父母抚养的成年养子女，对缺乏劳动能力又缺乏生活来源的养父母，应当给付生活费。因养子女成年后虐待、遗弃养父母而解除收养关系的，养父母可以要求养子女补偿收养期间支出的生活费和教育费。——收养法第三十条第一款

4. 民事通则摘录:

☆无民事行为能力或者限制民事行为能力的精神病人，由下列人员担任监护人:（一）配偶；（二）父母；（三）成年子女；（四）其他近亲属；（五）关系密切的其他亲属、朋友愿意承担监护责任，经精神病人的所在单位或者住所地的居民委员会、村民委员会同意的。——民法通则第十七条

☆监护人应当履行监护职责，保护被监护人的人身、财产及其他合法权益，除为被监护人的利益外，不得处理被监护人的财产。监护人依法履行监护的权利，受法律保护。监护人不履行监护职责或者侵害被监护人的合法权益的，应当承担责任；给被监护人造成财产损失的，应当赔偿损失。人民法院可以根据有关人员或者有关单位的申请，撤销监护人的资格。——民法通则第十八条

5. 继承法摘录:

☆丧偶儿媳对公、婆，丧偶女婿对岳父、岳母，尽了主要赡养义务的，作为第一顺序继承人。——继承法第十二条

☆公民可以依照本法规定立遗嘱处分个人财产，并可以指定遗嘱执行人。公民可以立遗嘱将个人财产指定由法定继承人的一人或者数人继承。公民可以立遗嘱将个人财产赠给国家、集体或者法定继承人以外的人。——继承法第十六条

☆遗嘱应当对缺乏劳动能力又没有生活来源的继承人保留必要的遗产份额。——继承法第十九条

☆夫妻一方死亡后另一方再婚的，有权处分所继承的财产，任何人不得干涉。——继承法第三十条

☆公民可以与扶养人签订遗赠扶养协议。按照协议，扶养人承担该公民生养死葬的义务，享有受遗赠的权利。公民可以与集体所有制组织签订遗赠扶养协议。按照协议，集体所有制组织承担该公民生养死葬的义务，享有受遗赠的权利。——继承法第三十一条

6. 社会保险法摘录:

☆国家建立基本养老保险、基本医疗保险、工伤保险、失业保险、生育保险等社会保险制度，保障公民在年老、疾病、工伤、失业、生育等情况下依法从国家和社会获得物质帮助的权利。——社会保险法第二条

☆职工应当参加基本养老保险，由用人单位和职工共同缴纳基本养老保险费。无雇工的个体工商户、未在用人单位参加基本养老保险的非全日制从业人员以及其他灵活就业人员可以参加基本养老保险，由个人缴纳基本养老保险费。公务员和参照公务员法管理的工作人员养老保险的办法由国务院规定。——社会保险法第十条

☆参加基本养老保险的个人，达到法定退休年龄时累计缴费满十五年的，按月领取基本养老金。参加基本养老保险的个人，达到法定退休年龄时累计缴费不足十五年的，可以缴费至满十五年，按月领取基本养老金；也可以转入新型农村社会养老保险或者城镇居民社会养老保险，按照国务

院规定享受相应的养老保险待遇。——社会保险法第十六条

☆国家建立基本养老金正常调整机制。根据职工平均工资增长、物价上涨情况，适时提高基本养老保险待遇水平。——社会保险法第十八条

☆国家建立和完善新型农村社会养老保险制度。新型农村社会养老保险实行个人缴费、集体补助和政府补贴相结合。——社会保险法第二十条

☆新型农村社会养老保险待遇由基础养老金和个人账户养老金组成。参加新型农村社会养老保险的农村居民，符合国家规定条件的，按月领取新型农村社会养老保险待遇。——社会保险法第二十一条

☆国家建立和完善城镇居民社会养老保险制度。省、自治区、直辖市人民政府根据实际情况，可以将城镇居民社会养老保险和新型农村社会养老保险合并实施。——社会保险法第二十二条

☆职工应当参加职工基本医疗保险，由用人单位和职工按照国家规定共同缴纳基本医疗保险费。无雇工的个体工商户、未在用人单位参加职工基本医疗保险的非全日制从业人员以及其他灵活就业人员可以参加职工基本医疗保险，由个人按照国家规定缴纳基本医疗保险费。——社会保险法第二十三条

☆国家建立和完善新型农村合作医疗制度。新型农村合作医疗的管理办法，由国务院规定。——社会保险法第二十四条

☆国家建立和完善城镇居民基本医疗保险制度。城镇居民基本医疗保险实行个人缴费和政府补贴相结合。享受最低生活保障的人、丧失劳动能力的残疾人、低收入家庭60周岁以上的老年人和未成年人等所需个人缴费部分，由政府给予补贴。——社会保险法第二十五条

7. 城市居民最低生活保障条例：

☆持有非农业户口的城市居民，凡共同生活的家庭成员人均收入低于当地城市居民最低生活保障标准的，均有从当地人民政府获得基本生活物质帮助的权利。——城市居民最低生活保障条例第二条第一款

☆城市居民最低生活保障标准，按照当地维持城市居民基本生活所必需的衣、食、住费用，并适当考虑水电燃煤（燃气）费用以及未成年人的义务教育费用确定。——城市居民最低生活保障条例第六条第一款

8. 农村五保供养工作条例：

☆老年、残疾或者未满16周岁的村民，无劳动能力、无生活来源又无法定赡养、抚养、扶养义务人，或者其法定赡养、抚养、扶养义务人无赡养、抚养、扶养能力的，享受农村五保供养待遇。——农村五保供养工作条例第六条

☆农村五保供养包括下列供养内容：（一）供给粮油、副食品和生活用燃料；（二）供给服装、被褥等生活用品和零用钱；（三）提供符合基本居住条件的住房；（四）提供疾病治疗，对生活不能自理的给予照料；

（五）办理丧葬事宜。农村五保供养对象未满16周岁或者已满16周岁仍在接受义务教育的，应当保障他们依法接受义务教育所需费用。农村五保供养对象的疾病治疗，应当与当地农村合作医疗和农村医疗救助制度相衔接。——农村五保供养工作条例第九条

9. 老年人权益保障法：

☆国家和社会应当采取措施，健全对老年人的社会保障制度，逐步改善保障老年人生活、健康以及参与社会发展的条件，实现老有所养、老有所医、老有所为、老有所学、老有所乐。——老年人权益保障法第三条

☆国家保护老年人依法享有的权益。老年人有从国家和社会获得物质帮助的权利，有享受社会发展成果的权利。禁止歧视、侮辱、虐待或者遗弃老年人。——老年人权益保障法第四条

☆保障老年人合法权益是全社会的共同责任。国家机关、社会团体、企业事业组织应当按照各自职责，做好老年人权益保障工作。居民委员会、村民委员会和依法设立的老年人组织应当反映老年人的要求，维护老年人合法权益，为老年人服务。——老年人权益保障法第六条

☆老年人应当遵纪守法，履行法律规定的义务。——老年人权益保障法第九条

☆老年人养老主要依靠家庭，家庭成员应当关心和照料老年人。——老年人权益保障法第十条

☆赡养人应当履行对老年人经济上供养、生活上照料和精神上慰藉的义务，照顾老年人的特殊需要。——老年人权益保障法第十一条第一款

☆赡养人的配偶应当协助赡养人履行赡养义务。——老年人权益保障法第十一条第三款

☆赡养人对患病的老年人应当提供医疗费用和护理。——老年人权益保障法第十二条

☆赡养人应当妥善安排老年人的住房，不得强迫老年人迁居条件低劣的房屋。老年人自有的或者承租的住房，子女或者其他亲属不得侵占，不得擅自改变产权关系或者租赁关系。老年人自有的住房，赡养人有维修的义务。——老年人权益保障法第十三条

☆赡养人不得以放弃继承权或者其他理由，拒绝履行赡养义务。赡养人不履行赡养义务，老年人有要求赡养人付给赡养费的权利。赡养人不得要求老年人承担力不能及的劳动。——老年人权益保障法第十五条

☆老年人的婚姻自由受法律保护。子女或者其他亲属不得干涉老年人离婚、再婚及婚后的生活。赡养人的赡养义务不因老年人的婚姻关系变化而消除。——老年人权益保障法第十八条

☆城市的老年人，无劳动能力、无生活来源、无赡养人和扶养人的，或者其赡养人和扶养人确无赡养能力或者扶养能力的，由当地人民政府给予救济。农村的老年人，无劳动能力、无生活来源、无赡养人和扶养人的，或者其赡养人和扶养人确无赡养能力

或者扶养能力的,由农村集体经济组织负担保吃、保穿、保住、保医、保葬的五保供养,乡、民族乡、镇人民政府负责组织实施。——老年人权益保障法第二十三条

☆新建或者改造城镇公共设施、居民区和住宅,应当考虑老年人的特殊需要,建设适合老年人生活和活动的配套设施。——老年人权益保障法三十条

☆老年人有继续受教育的权利。国家发展老年教育,鼓励社会办好各类老年学校。各级人民政府对老年教育应当加强领导,统一规划。——老年人权益保障法第三十一条

☆国家鼓励、扶持社会组织或者个人兴办老年福利院、敬老院、老年公寓、老年医疗康复中心和老年文化体育活动场所等设施。地方各级人民政府应当根据当地经济发展水平,逐步增加对老年福利事业的投入,兴办老年福利设施。——老年人权益保障法第三十三条

☆各级人民政府应当引导企业开发、生产、经营老年生活用品,适应老年人的需要。——老年人权益保障法第三十四条

☆发展社区服务,逐步建立适应老年人需要的生活服务、文化体育活动、疾病护理与康复等服务设施和网点。——老年人权益保障法第三十五条第一款

☆地方各级人民政府根据当地条件,可以在参观、游览、乘坐公共交通工具等方面,对老年人给予优待和照顾。——老年人权益保障法第三十六条

☆老年人因其合法权益受侵害提起诉讼交纳诉讼费确有困难的,可以缓交、减交或者免交;需要获得律师帮助,但无力支付律师费用的,可以获得法律援助。——老年人权益保障法第三十九条

10. 律师法:

☆律师、律师事务所应当按照国家规定履行法律援助义务,为受援人提供符合标准的法律服务,维护受援人的合法权益。——律师法第四十二条

11. 法律援助条例:

☆公民对下列需要代理的事项,因经济困难没有委托代理人的,可以向法律援助机构申请法律援助:(一)依法请求国家赔偿的;(二)请求给予社会保险待遇或者最低生活保障待遇的;(三)请求发给抚恤金、救济金的;(四)请求给付赡养费、抚养费、扶养费的;(五)请求支付劳动报酬的;(六)主张因见义勇为行为产生的民事权益的。——法律援助条例第十条第一款

12. 公证法:

☆根据自然人、法人或者其他组织的申请,公证机构办理下列公证事项:(一)合同;(二)继承;(三)委托、声明、赠与、遗嘱;(四)财产分割;(五)招标投标、拍卖;(六)婚姻状况、亲属关系、收养关系;(七)出生、生存、死亡、身份、经历、学历、学位、职务、职称、有无违法犯罪记录;(八)公司章程;(九)保全证据;(十)

文书上的签名、印鉴、日期，文书的副本、影印本与原本相符；（十一）自然人、法人或者其他组织自愿申请办理的其他公证事项。法律、行政法规规定应当公证的事项，有关自然人、法人或者其他组织应当向公证机构申请办理公证。——公证法第十一条

13. 侵权责任法：

☆侵害民事权益，应当依照本法承担侵权责任。本法所称民事权益，包括生命权、健康权、姓名权、名誉权、荣誉权、肖像权、隐私权、婚姻自主权、监护权、所有权、用益物权、担保物权、著作权、专利权、商标专用权、发现权、股权、继承权等人身、财产权益。——侵权责任法第二条

14. 公安管理处罚法：

☆违反治安管理行为人有下列情形之一，依照本法应当给予行政拘留处罚的，不执行行政拘留处罚：（一）已满十四周岁不满十六周岁的；（二）已满十六周岁不满十八周岁，初次违反治安管理的；（三）七十周岁以上的；（四）怀孕或者哺乳自己不满一周岁婴儿的。——治安管理处罚法第二十一条

☆有下列行为之一的，处五日以下拘留或者警告：（一）虐待家庭成员，被虐待人要求处理的；（二）遗弃没有独立生活能力的被扶养人的。——治安管理处罚法第四十五条

15. 刑法：

☆已满七十五周岁的人故意犯罪的，可以从轻或者减轻处罚；过失犯罪的，应当从轻或者减轻处罚。——刑法第十七条之一

☆审判的时候已满七十五周岁的人，不适用死刑，但以特别残忍手段致人死亡的除外。——刑法第四十九条第二款

☆对于被判处拘役、三年以下有期徒刑的犯罪分子，同时符合下列条件的，可以宣告缓刑，对其中不满十八周岁的人、怀孕的妇女和已满七十五周岁的人，应当宣告缓刑：（一）犯罪情节较轻；（二）有悔罪表现；（三）没有再犯罪的危险；（四）宣告缓刑对所居住社区没有重大不良影响。

宣告缓刑，可以根据犯罪情况，同时禁止犯罪分子在缓刑考验期限内从事特定活动，进入特定区域、场所，接触特定的人。

被宣告缓刑的犯罪分子，如果被判处附加刑，附加刑仍须执行。——刑法第七十二条

☆虐待家庭成员，情节恶劣的，处二年以下有期徒刑、拘役或者管制。犯前款罪，致使被害人重伤、死亡的，处二年以上七年以下有期徒刑。第一款罪，告诉的才处理。——刑法第二百六十条

☆对于年老、年幼、患病或者其他没有独立生活能力的人，负有扶养义务而拒绝扶养，情节恶劣的，处五年以下有期徒刑、拘役或者管制。——刑法第二百六十一条

2 常用名词解释

1. 老年人：是指 60 周岁以上的公民。

2. 退休：是指根据国家有关规定，劳动者因年老或因工、因病致残完全丧失劳动能力（或部分丧失劳动能力）而退出工作岗位、享受养老待遇的制度。

3. 离休：对新中国成立前参加中国共产党所领导的革命战争、脱产享受供给制待遇的和从事地下革命工作的老干部，达到离职休养年龄的，实行离职休养的制度。

4. 基本养老保险：是指由缴费主体依法缴纳基本养老保险费，在被保险人到达法定退休年龄时，按规定领取基本养老金，以保障其基本生活需要的一种社会保险制度。社会保险法规定的基本养老保险可分为职工基本养老保险、公务员基本养老保险、新型农村社会养老保险和城镇居民社会养老保险。基本养老保险与补充养老保险和个人储蓄养老保险相结合，构成我国的养老保险制度。

5. 基本医疗保险：是指由缴费主体依法缴纳基本医疗保险费，在被保险人患病或受到伤害时，由基本医疗保险基金按规定支付医疗费用的一种社会保险制度。社会保险法规定的基本养老保险可分为城镇职工基本医疗保险、新型农村合作医疗和城镇居民基本医疗保险。

6. 居家养老：是指以家庭为核心、以社区为依托、以专业化服务为依靠，为居住在家的老年人提供以解决日常生活困难为主要内容的养老模式。

7. 机构养老：是指由专门的养老机构（包括福利院、养老院、托老所、老年公寓、临终关怀医院等）集中照顾老年人的养老模式。

8. 养老护理员：是指对老年人生活进行照料、护理的服务人员。依据职业技能考核水平，养老护理员分为初级、中级、高级和技师四个等级。

9. 社区为老服务：是指一个社区为满足社区内老年人物质生活与精神生活需要而进行的社会性福利服务活动。

10. 抚恤金：是指国家机关、企事业单位、集体经济组织对死者家属或伤残职工发给的费用。

11. 老年人优待证：是指各地政府依照规定发给年满 60 周岁及以上的老年人，在一定地区范围内证明其享受相关优惠待遇资格的证件。

12. 老年协会：是指由基层社区老年人参与组成的，代表老年人利益，反映老年人要求，维护老年人合法权益，老年人进行自我管理、自我服务、自我教育、自我保护，并经县级民政部门注册登记或备案管理的基层老年群众自治组织。

13. 低保：低保即居民最低生活保障，是指国家对家庭人均收入低于当地政府公告的最低生活标准的人口给予一定现金资助，以保证该家庭成员基本生活所需的社会保障制度。最低生活保障线也即贫困线。

14. 五保：五保即农村五保供养，是我国农村依照《农村五保供养工作条例》规定对丧失劳动能力和生活没有依靠的老、弱、孤、寡、残的农民实行保吃、保穿、保烧、保教、保葬的一种社会救助制度。

15. 扶养：广义的扶养泛指法律规定的亲属间相互提供经济供养、生活扶助的法律制度。狭义的扶养仅限于夫妻、兄弟姐妹等平辈亲属之间。婚姻法规定，夫妻有互相扶养的义务。

16. 赡养：是指法律规定的晚辈亲属为长辈亲属提供经济供养、生活扶助的法律制度。婚姻法规定，子女对父母有赡养扶助的义务。

17. 精神赡养：是指赡养人理解、尊重、关心、体贴被赡养人的精神生活，在精神上给予其慰藉，满足其精神生活的需要的赡养内容。

18. 收养：是指收养人领养他人的子女为自己的子女的行为。在收养关系中，收养人称为养父母，被收养人称为养子女。

19. 遗弃：是指家庭成员中负有赡养、扶养、抚养义务的一方，对需要赡养、扶养和抚养的另一方，不履行其应尽的义务的违法行为。

20. 虐待：是指以作为或不作为的形式，对家庭成员歧视、折磨、摧残，使其在精神上、肉体上遭受损害的违法行为。

21. 家庭暴力：是指行为人以殴打、捆绑、残害、强行限制人身自由或者其他手段，给其家庭成员的身体、精神等方面造成一定伤害后果的违法行为。

22. 登记离婚：是指夫妻双方自愿离婚，并就离婚的法律后果达成协议，依一定的行政程序经有关部门认可即可以解除婚姻关系的一种离婚方式。登记离婚是婚姻法规定的离婚方式之一，适用于男女双方自愿离婚的情形。

23. 诉讼离婚：是指婚姻当事人一方向法院提起离婚之诉，经法院审理调解或判决离婚的一种离婚方式。诉讼离婚也是婚姻法规定的离婚方式之一。

24. 夫妻共同财产：是指夫妻双方在婚姻关系存续期间所得的，除了规定的个人财产以及约定为夫妻个人所有财产外的财产。

25. 家庭共同财产：是指家庭成员在家庭共同生活关系存续期间共同创造、共同所得的财产。

26. 遗产：是指被继承人死亡时遗留的个人合法财产。

27. 继承：是指财产所有人死亡或被宣告死亡时，按照法律的规定将死者遗留下来的财产转移给他人所有的法律制度。继承包括法定继承、遗嘱继承。

28. 遗嘱：自然人生前按照法律的规定处分自己的财产及安排与此相关的事务并于死亡后发生法律效力的单

方民事法律行为。遗嘱是遗嘱继承的前提和依据。

29. **遗赠：**遗赠是指自然人采取遗嘱方式将其财产的一部或全部赠给国家、集体或者法定继承人以外的人，并于遗嘱人死亡后发生法律效力的单方民事行为。遗嘱人在遗赠中称为遗赠人，接受遗赠财产的人称为受遗赠人。

30. **遗赠扶养协议：**是指遗赠人与扶养人订立的关于扶养人承担遗赠人生养死葬义务，遗赠人死后其遗产遗赠扶养人所有的协议。我国继承法规定，公民可以与扶养人签订遗赠扶养协议。按照协议，扶养人承担该公民生养死葬的义务，享有受遗赠的权利。公民也可以与集体所有制组织签订遗赠扶养协议。按照协议，集体所有制组织承担该公民生养死葬的义务，享有受遗赠的权利。

主要参考文献

［1］陈信勇等.民法［M］.浙江大学出版社，2011年第2版

［2］陈信勇等.物权法［M］.浙江大学出版社，2007年第2版

［3］陈信勇.房地产法原理［M］.浙江大学出版社，2002

［4］陈信勇.社会保障法原理［M］.浙江大学出版社，2003

［5］陈信勇.劳动与社会保障法［M］.浙江大学出版社，2007

［6］陈信勇.中国社会保险制度研究［M］.浙江大学出版社，2010

［7］陈信勇.民生问题与社会立法研究［M］.浙江大学出版社，2010

［8］陈信勇，孙云.社会矛盾多元化解决机制理论与实践［M］.知识产权出版社，2009

［9］燕燕.催人深省的法制故事［M］.吉林大学出版社，2010

［10］李超.老年维权之利剑［M］.上海人民出版社，2007

［11］沈祖连.感动农民的68个法制故事［M］.华东师范大学出版社，2009

［12］李立新.老年维权实用手册［M］.中国社会出版社，2003

［13］兰绍江.老年人权益保障120问［M］.中共中央党校出版社，2005

［14］周信，宋才发.最新老年人权益保护疑难案例解析［M］.南海出版公司，2006

［15］吴幼敏等.老年法律求助［M］.上海科学技术出版社，2002

后 记

　　本书是在"老年人十万个怎么办"丛书总编室的统一安排和指导下，由有志于老龄事业的研究人员和科普作家共同完成的。黄雷、刘书良、贺荣斌、冯伟钢、陈家忠、刘晓祺等同志完成了早期书稿；陈信勇、潘红旗、伍晓龙、赵颖、张友连、唐先锋、叶涛、张立婷、胡凯、周凡漪等同志根据新拟订的写作大纲，历时半年，分工完成了现有书稿。在现有书稿的写作过程中，撰稿人选用了部分早期书稿，并引用了部分媒体上的案例资料。全书由主编陈信勇拟定写作大纲和统稿。

　　由于时间仓促，错谬一定不少，恳请读者不吝指教，以期臻于完善。

编　者

2012 年 1 月